5G+推动乡村振兴发展探究

朱志刚 著

U0302163

延吉·延边大学出版社

图书在版编目（CIP）数据

5G+推动乡村振兴发展探究 / 朱志刚著. -- 延吉：
延边大学出版社，2024. 6. -- ISBN 978-7-230-06689-1

Ⅰ. TN929.53；F320.3

中国国家版本馆CIP数据核字第2024CU0159号

5G+推动乡村振兴发展探究

著　　者：朱志刚
责任编辑：赵　颖
封面设计：文合文化
出版发行：延边大学出版社
地　　址：吉林省延吉市公园路977号　　　　邮　编：133002
网　　址：http://www.ydcbs.com　　　　　　E-mail：ydcbs@ydcbs.com
电　　话：0433-2732435　　　　　　　　　　传　真：0433-2732434
印　　刷：长春市华远印务有限公司
开　　本：787毫米×1092毫米　1/16
印　　张：9.25
字　　数：155千字
版　　次：2024年6月第1版
印　　次：2024年9月第1次印刷
书　　号：ISBN 978-7-230-06689-1
定　　价：60.00 元

前　言

随着信息技术的不断发展，5G 技术作为新一代移动通信技术，正逐渐成为推动乡村振兴发展的重要力量。5G 技术可以实现农业机械的智能化管理和远程监控，提高农业生产的精准化和自动化水平。同时，结合物联网技术，5G 技术可以实现农田环境监测、农作物生长状况监测等，为农民提供科学的决策依据，提高农业生产的质量和产量。5G 技术可以提供更快速、更稳定的网络连接，加快农产品信息的发布和传播，促进农产品与市场的对接。同时，5G 技术可以实现农村电商平台的智能化运营和物流配送，提高农产品的销售效率和市场竞争力。

5G 技术可以实现远程教育和医疗服务，为乡村地区提供优质的教育资源和医疗服务。远程教育可以解决乡村地区师资不足的问题；远程医疗可以解决乡村地区医疗资源匮乏的问题，提高农民的健康水平和生活质量。5G 技术可以实现乡村信息化建设和智能化管理，提高乡村基础设施的智能化水平，提高乡村治理和公共服务的效率和质量。同时，5G 技术也将为乡村创新创业提供更广阔的空间，促进乡村经济的多元化发展。

本书旨在探讨 5G 技术在推动乡村振兴发展中的作用和影响。5G 作为新一代通信技术，具有高速率、低时延、大连接等特点，为乡村振兴提供了新的机遇与挑战。在当前乡村振兴的背景下，本书将从多个维度展开讨论。首先，本书简要介绍了 5G 技术的内涵和特点、乡村振兴的现状，以及 5G 技术与乡村振兴的关联性。其次，本书深入研究了 5G 技术在智慧农业、乡村旅游、乡村教育与文化发展、乡村医疗卫生、乡村智慧养老服务、乡村环境保护、乡村治理等方面的应用实践，分析了其带来的效益和推动作用，并探讨了其对乡村社会发展的影响和意义。本书旨在为学者和从业者提供有益的参考，促进 5G 技术在乡村振兴中的更广泛应用和推广，为实现乡村振兴战略目标做出积极贡献。

　　本书是辽宁省社会科学规划基金项目成果（项目编号：L22BGL017，项目名称：“数字乡村”视域下辽宁省“5G+乡村振兴”示范区域构建研究）。作者在撰写本书的过程中，借鉴了许多学者的研究成果，在此表示衷心的感谢。由于作者水平有限，对一些相关问题的研究不透彻，加之写作时间仓促，书中难免存在不妥和疏漏之处，恳请广大读者批评指正。

目　录

第一章　5G 技术与乡村振兴发展概述

第一节　5G 技术基础概述

移动通信已经深刻地改变了人们的生活，但人们对更高性能移动通信的追求从未停止。为了应对未来爆炸性的移动数据流量增长、海量的设备连接、不断涌现的各类新业务和应用场景，5G 技术应运而生。5G 技术将渗透未来社会的各个领域，以用户为中心构建全方位的信息生态系统。5G 技术将使信息突破时空限制，为用户提供极佳的交互体验，并为其带来身临其境的信息盛宴；5G 技术将拉近万物的距离，通过无缝融合的方式，实现人与万物的智能互联；5G 技术将为用户提供光纤般的接入速率，"零"时延的使用体验，千亿设备的连接能力，超高流量密度、超高连接数密度和超高移动性等多场景的一致服务。同时，5G 技术将为网络带来超百倍的能效提升，最终实现"信息随心至，万物触手及"的总体愿景。

一、5G 技术的内涵

5G 是第五代移动通信技术的简称，是一种新型的无线通信技术。与之前的 4G 技术相比，5G 技术具有更快的传输速度、更低的延迟、更大的网络容量和更好的连接稳定性。它不仅可以满足高速数据传输的需求，还能支持物联网、智能城市等应用场景，对于推动社会数字化、网络化和智能化发展具有重要意义。

二、5G 技术的特点

5G 技术具有高速率、低时延、大容量、海量连接和网络切片等特点。其高速率可支持数十 Gbps 的数据传输，低时延为毫秒级，大容量可满足日益增长的数据需求，海量连接支持各类设备接入，网络切片能为不同应用提供定制化服务。这些特点将推动移动通信技术的发展进入新阶段，促进社会数字化、智能化发展。

三、5G 技术的三大应用场景

5G 技术在移动通信领域是革命性的，如果说以前的移动通信技术只是改变了人们的通信方式和社交方式，那么 5G 技术则是改变了网络社会。增强型移动宽带（eMBB）、高可靠低时延通信（uRLLC）、大规模机器通信（mMTC）三大应用场景并非指三种不同的网络，而是指 5G 技术采用网络切片等方式，使一个网络同时为不同的用户提供服务（见图 1.1）。

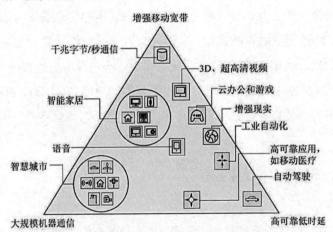

图 1.1 5G 技术典型应用场景示意图

5G 的技术标准只有一个，它是整合了多种关键技术于一身的、真正意义上的融合网络。这三大应用场景中只有增强型移动宽带主要是为人联网服务的，另外两个主要是为物联网服务的。这就给 5G 做了一个定性——它的物联网属性要强于人联网属性。

（一）增强型移动宽带

增强型移动宽带，顾名思义针对的是大流量移动宽带业务，是指在现有移动宽带业务场景的基础上，对用户体验等性能的进一步提升，主要还是追求人与人之间极致的通信体验。这也是最接近日常生活的应用场景。5G 技术在这方面带来的最直观体验是网络速度的大幅提升，即使观看 4K 高清视频，峰值也可以达到10Gbit/s。

根据国家广播电视总局公布的数据，截至 2021 年 3 月底，我国各级播出机构经批准开办高清电视和超高清电视频道共有 845 个，其中高清频道 838 个，4K 超高清频道 7 个，分别是中央广播电视总台、北京台、上海台、广东台、广州台、深圳台、杭州台。全国高清和超高清用户突破 1 亿个，智能终端用户 2985 万个，同比增长 25.16%。

目前，业界已达成共识，高清视频将成为消费移动通信网络流量的主要业务。因此，在 5G 技术快速发展的时代，流媒体必然会实现快速增长，这也是 5G 技术对个人生活影响的主要部分。

（二）高可靠低时延通信

高可靠低时延通信具有高可靠性、低时延和高可用性的特点，应用范围很广，如工业制造、车联网、电力自动化等。不同的场景对时延、可靠性和带宽的要求是不同的。

1.工业制造

在工业制造应用中，高端制造业对车间设备的延迟和稳定性有着非常高的要求，高可靠低时延通信非常适合在工业制造场景中应用。制造设备通过 5G 接入企业云或者现场控制系统，采集现场环境数据和生产数据，实时分析生产状况，实现整条生产线的无人化和无线化。

3

2.车联网

在车联网场景中，高可靠低时延通信的应用主要涉及车路协同技术，即在道路旁的基础设施中部署智能采集设备，包括智能灯杆、智能交通灯等。通过 5G 网络与车载电脑交互信息，大幅增加车辆对周围事务的感知能力，提高驾驶安全性，有效解决城市拥堵问题。

3.电力自动化

高可靠低时延通信也非常适合在电力自动化领域中应用。差动保护是电力网络的自我保护手段，即将输电线两端的电气量进行比较以判断故障范围，实现故障的精准隔离，避免停电影响范围扩大。电网通信以光纤为主，但 35kV 以下配网未实现光纤覆盖，且部署场景复杂多样，需要无线网络作为通信载体。

（三）大规模机器通信

大规模机器通信和高可靠低时延通信都是物联网的应用场景，但各自侧重点不同。高可靠低时延通信主要体现物与物之间的通信需求，大规模机器通信主要是人与物之间的信息交互。大规模机器通信主要在 6GHz 以下的频段发展并应用在大规模物联网上，目前可见的发展是窄带物联网（NB-IoT）。

大规模机器通信主要应用于传统移动通信无法很好支持的低功耗、大连接、低时延的场景，如智能城市、环境监测、智能农业和森林防火等。大规模机器通信具有数据包小、功耗低、连接量大等特点。其终端分布范围广、数量多，不仅要求网络具有超千亿连接的支持能力，还需要满足每平方千米 100 万的连接密度要求。

第二节　乡村振兴发展现状分析

一、乡村振兴发展的政策分析

乡村振兴发展的政策措施包括产业支持、基础设施建设、人才培养、土地政策和生态保护。这些政策措施可以促进乡村经济发展、改善基础设施、引进人才、优化土地利用，实现乡村振兴和可持续发展。

（一）政府政策支持情况

1.政府出台支持乡村振兴战略的政策

政府出台支持乡村振兴战略的政策，标志着对乡村发展的重视和支持。这些政策旨在促进乡村经济的发展，改善乡村居民的生活水平，实现城乡发展的协调和均衡。随着中国经济的不断发展和城市化进程的加快，乡村振兴战略已成为国家战略的重要组成部分，政府的政策支持对于实现这一目标至关重要。

政府可以通过给予乡村企业税收优惠、提供财政补贴和资金支持等政策措施，鼓励更多的企业和个体户投资乡村产业，推动乡村经济由传统的农业经济向多元化发展转变。政府还可以支持乡村特色产业发展，培育乡村旅游、农产品加工、电商等新兴产业，拓宽农民收入来源，促进乡村经济的持续增长。

政府可以加大对乡村基础设施建设的投入，包括道路、水利、电力、通信等方面，提高乡村交通便利性和生产生活条件，为农民创业、就业提供更好的条件。政府还可以加强对乡村教育、医疗、文化等公共服务的支持，提高乡村居民的教育水平和健康水平，缩小城乡差距，实现城乡公共服务的均等化。

政府可以通过完善土地流转政策，鼓励农民将闲置土地流转给专业合作社或农业企业，推动农业规模化经营和现代化种植方式的发展，提高农业生产效率和农民收入水平。政府还可以加强对乡村土地资源的保护和管理，遏制土地承包经营权流转过程中的乱象，保障农民的土地权益和乡村生态环境的可持续发展。

政府出台支持乡村振兴战略的政策可以促进乡村治理体系的建设和完善。政府可以通过加强乡村基层组织建设，提高村民自治水平，激发村民的积极性和创造性，形成乡村振兴的合力。政府还可以加强对乡村市场的监管，规范乡村市场秩序，保障农民的合法权益，维护社会稳定和谐。

由于我国乡村地区经济发展水平不均、资源禀赋差异较大，一刀切的政策难以适应各地实际情况，政府需要因地制宜、分类施策。乡村基层组织建设相对薄弱，乡村治理体系存在一些制度性障碍，政府需要进一步加大政策落实和执行力度。乡村人才流失、农业劳动力短缺等问题依然存在，政府需要采取更加有效的措施，加强乡村人才培养和引进，推动乡村产业转型升级。

2.政策对乡村振兴起到的促进作用

政策对乡村振兴的促进作用不可低估。乡村振兴战略是当前中国经济发展的重要战略，也是实现全面建设社会主义现代化国家目标的关键一环。政策作为推动乡村振兴的重要手段之一，在引导资源配置、激发活力、解决问题等方面发挥着至关重要的作用。

实施乡村振兴战略，是党的十九大做出的重大决策部署，是全面建设社会主义现代化国家的重大历史任务，是新时代"三农"工作的总抓手。一系列文件和规划明确了实施乡村振兴战略的目标任务和政策措施。这些政策文件为乡村振兴提供了指导方向，为各级政府和相关部门提供了操作指南，使得乡村振兴工作能够有序推进，形成合力。《农村人居环境整治三年行动方案》《中共中央 国务院关于实施乡村振兴战略的意见》等文件的出台，为乡村振兴提供了政策保障和制度支持。

在乡村振兴过程中，资金是关键因素之一。政府出台的一系列财政扶持政策、金融支持政策等，为乡村振兴提供了必要的资金保障。比如，设立乡村产业振兴引导基金、设立乡村信用担保基金、加大对农村金融服务的支持力度等，都是政府为了促进乡村振兴而采取的重要举措。这些政策的实施为乡村产业发展、乡村基础设施建设、农民收入增加等提供了有力的经济支持，促进了乡村经济的蓬勃发展。

乡村振兴需要大量的专业人才和技术人才来支持乡村产业发展、乡村治理、乡村文化建设等方面的工作。政府通过出台人才引进政策、人才培养政策等，鼓励和吸引各类人才到乡村从事乡村振兴相关工作。制定乡村人才培养规划、设立乡村人才引领计划等政策，为乡村振兴提供了必要的人才保障和人力支持。这些政策的实施有效地解决了乡村人才匮乏、人才流失等问题，为乡村振兴注入了新的活力和动力。

政策为乡村振兴提供了制度保障和法律支持。乡村振兴需要健全的制度和法律体系来保障其顺利推进。政府通过出台乡村振兴法律法规、制定相关政策措施等，为乡村振兴提供了必要的制度保障和法律支持。建立健全乡村振兴的长效机制、制定土地政策、完善农村产权制度等，都是政府为了促进乡村振兴而采取的重要举措。这些政策的实施，为乡村振兴营造了良好的政策环境和制度保障，为乡村振兴的顺利推进提供了有力支持。

（二）政策执行效果的影响因素

政策执行效果评估是政府管理中至关重要的一环。通过对政策实际执行情况的分析和评估，政府可以及时发现问题、调整措施，最大限度地实现政策的目标。在实际执行过程中，执行主体、外部环境、监督和评估机制、信息不对称等因素均会影响政策的执行效果，导致执行效果往往与预期目标存在一定差距。

执行主体包括政府行政机关、企业和个人等，而不同的执行主体可能存在不同的利益诉求和行为偏好，导致政策执行过程中的不协调和不统一。例如，在环境保护政策执行过程中，企业可能会因为经济发展压力而放松对环保的要求，导致环境保护政策的执行效果不佳。一些政策执行主体可能存在执行能力不足、执行意愿不强等问题，导致政策执行的效果不尽如人意。

外部环境包括经济、社会、文化、国际环境等因素，这些因素的变化可能会对政策执行产生重要影响。例如，在经济下行期间，政府实施的就业政策可能面临企业招聘意愿下降、就业需求减少等问题，导致政策执行效果不明显。国际环境的变化也可能影响政策执行效果，如国际贸易摩擦可能导致出口导向型政策执行效果不佳。

政府政策在实际执行中常常受到监督和评估机制的影响。政府政策的有效执行需要科学、严密的监督和评估机制，以确保政策执行的公平、公正和透明。在一些情况下，政府政策的监督和评估机制存在缺失、不完善的情况，导致政策执行不到位。

信息不对称指的是政府政策制定者和执行者之间信息不对称的情况，这可能导致在政策执行过程中出现信息传递不畅、执行措施不明确等问题。例如，在一些税收政策执行过程中，企业可能由于对政策的理解不透彻或者政策信息不完整而无法准确把握政策执行要求，从而导致政策执行效果不佳。

要提高政策执行效果，政府需要加强对执行主体的引导和监督，建立健全的监督和评估机制，加强信息沟通和传递，从而最大限度地实现政策的目标，促进经济社会的稳定和发展。

二、乡村振兴发展的实际执行情况分析

乡村振兴发展的实际执行情况涵盖多个方面。例如，在基础设施建设方面，政府加大投入，改善乡村道路、水利设施和电力供应等，提高了乡村生产生活条件；在产业发展方面，政府推动乡村产业结构调整，支持特色农产品种植、乡村旅游、农村电商等，促进了农民增收致富；在生态环境保护方面，政府实施退耕还林、还草等生态工程，改善了乡村生态环境，增强了农民的生态保护意识。

（一）乡村振兴项目开展情况

1.各地区乡村振兴项目的开展情况

各地区乡村振兴项目的开展情况备受关注，这不仅是因为乡村振兴战略是促进我国经济社会发展的重要战略，更是因为乡村振兴战略关乎亿万农民的幸福生活和乡村经济的全面发展。在过去几年里，各地区都积极响应国家政策，全面推进乡村振兴，取得了一系列显著成效。

在经济发展方面，各地区乡村振兴项目的开展情况呈现出蓬勃的生机。许多地区加大了对乡村产业的扶持力度，推动了乡村产业的升级和转型。一些地区发展了特色农业，推动了农产品加工业的发展，培育了一批知名农产品品牌，带动

了当地农民增收致富。乡村旅游业也得到了蓬勃发展，许多地区利用自然资源和人文景观，打造了一批具有地方特色的旅游目的地，吸引了大量游客前来观光旅游，促进了当地农民的收入增长。

在基础设施建设方面，各地区的乡村振兴项目也取得了显著进展。随着城乡一体化发展战略的深入推进，各地区加大了对乡村基础设施建设的投入力度，大力改善乡村基础设施条件，修建了乡村公路、水利工程、乡村电网等基础设施，解决了许多乡村地区交通不便、供水不足、电力不稳等问题，提高了乡村居民的生活质量和生产生活条件。各地区还加大了对乡村信息化建设的投入，推动了农村电商、"互联网+"农业等新业态的发展，为乡村经济的腾飞注入了新动力。

在生态环境保护方面，各地区的乡村振兴项目也表现出积极的态势。在推动乡村产业发展的同时，各地区也重视保护乡村的生态环境，加大了对乡村环境保护和治理的力度。各地区积极开展乡村生态修复工程，推动了荒山荒地的绿化造林和水土保持工程，恢复了乡村的生态功能，改善了乡村的生态环境。各地区还加强了乡村污水处理、农药残留等环境污染治理工作，提升了乡村环境质量，保障了农民的生态安居。

在社会治理和公共服务方面，各地区的乡村振兴项目也取得了显著成果。许多地区通过建设乡村社区服务中心、乡村文化活动场所等，加强了乡村社区管理和服务水平，提高了农民的获得感和幸福感。各地区还推动了乡村教育、医疗、养老等公共服务的均等化，改善了乡村居民的教育、医疗等基本生活条件，促进了乡村社会的和谐稳定。

总体来看，各地区乡村振兴项目的开展情况呈现出蓬勃发展的态势，取得了一系列显著成效，但是乡村振兴工作仍面临诸多挑战和困难，如乡村人口流失、产业结构调整、生态环境治理等问题，需要各地区政府和相关部门进一步加大政策支持和投入力度，创新工作机制，形成合力，共同推动乡村振兴工作取得更大成就，实现乡村全面振兴的宏伟目标。

2.乡村振兴项目的种类和覆盖范围

乡村振兴项目的种类和覆盖范围具有多样性和广泛性，它们构成了一个多元化的体系，旨在促进乡村经济的发展、乡村生活条件的改善，以及推动乡村文化和社会建设。乡村振兴项目不仅涵盖农业生产和乡村基础设施建设，还包括乡村产业发展、乡村旅游、文化传承等多个方面。

乡村振兴项目中的一个重要方向是农业生产和乡村基础设施建设。这些项目包括但不限于农田水利建设、乡村道路修建、乡村电网改造、农业设施升级等。投入资金和技术力量，加强乡村基础设施建设，可以提高农业生产效率，改善农民生活条件，促进乡村经济的发展。

乡村振兴项目还涉及乡村产业发展，包括农业产业结构调整、乡村产业升级、乡村企业培育等内容。引导农民发展特色产业、推动乡村企业发展，增加农民收入，促进乡村经济的多元化发展。

乡村旅游项目是乡村振兴项目的重要组成部分。随着城市化进程的推进和人们生活水平的提高，乡村旅游已成为一个重要的经济增长点。乡村振兴项目可以通过开发乡村旅游资源、提升乡村旅游服务水平，吸引更多游客到乡村旅游，促进当地经济的繁荣。

乡村振兴项目还包括文化传承和社会建设，即乡村文化遗产保护、乡村教育发展、乡村医疗卫生服务等内容。加强对乡村传统文化的保护和传承，提高乡村教育和医疗卫生服务水平，可以促进乡村社会的和谐稳定和可持续发展。

（二）乡村产业发展情况

乡村产业发展一直是国家经济发展的重要组成部分。随着我国经济结构的调整和城乡发展战略实施的不断深入，乡村产业结构调整和升级的进展也日益受到关注。乡村产业的发展对当地经济的影响是至关重要的，它关系着乡村经济的稳定发展、农民收入的增加，以及乡村社会的全面进步。

乡村产业结构调整和升级取得了一定的进展。过去，我国乡村产业以传统的农业、林业、牧业为主，产业结构比较单一，效益不高。但随着国家政策的调整和乡村改革的不断推进，乡村产业结构逐渐呈现多元化和多层次化的趋势。新兴产业如农村电商、乡村旅游、特色农产品加工等蓬勃发展，为乡村经济注入了新的活力。乡村产业也在不断升级，从传统的原材料加工向品牌化、标准化、集约化的方向发展，提高了乡村产业的附加值和竞争力。

　　乡村产业发展对当地经济的影响是多方面的。乡村产业的发展促进了乡村经济的增长和农民收入的提高。随着新兴产业的兴起和传统产业的升级，乡村居民的就业机会得以增加，劳动力的价值得到了更好的体现，农民收入水平明显提高。乡村产业的发展促进了乡村地区的城乡一体化发展。新兴产业的发展带动了乡村基础设施建设和公共服务水平的提升，缩小了城乡发展差距，促进了乡村社会的全面进步。乡村产业的发展也带动了乡村消费水平的提高，为乡村市场的扩大和乡村消费升级提供了动力。

　　乡村产业发展也面临着一些挑战和问题。乡村产业发展中的一些新兴产业和新业态，如农村电商、乡村旅游等，仍然存在一定的发展不平衡和不充分的问题。一些地区由于基础设施和人才等方面的限制，新兴产业的发展速度较慢，产业结构调整和升级的效果不够明显。乡村产业发展面临着资源与环境约束、生态保护的挑战。随着乡村产业的快速发展，一些地区的资源与环境问题日益突出，土地资源过度开发、水土流失等问题亟待解决。乡村产业发展也需要注重生态环境的保护，实现经济发展和生态环境的良性循环。

　　乡村产业发展面临着诸多挑战和问题，需要政府、企业和社会各界共同努力，加强政策支持、优化产业结构、提升产业链现代化水平，推动乡村产业持续健康发展，实现乡村经济的可持续增长和社会的全面进步。

第三节　5G 技术对乡村振兴发展的影响

一、为乡村振兴提供技术支持

　　数据传输速度的提升是 5G 网络的一大特点，这种高速传输的能力对各个领域都具有重要意义。5G 网络的出现不仅使得数据传输速度得到了显著提升，而且还大大降低了传输时延，这对于促进信息的快速流动和各行各业的发展都起到了积极的推动作用。

5G 网络的高速传输能力提高了各种数据的传输速度。相比之前的通信技术，5G 网络具有更高的带宽和更快的传输速度，可以实现更大容量的数据传输。这意味着在 5G 网络下，乡村居民可以更快地下载和上传大容量的数据，无论是在工作中传输文件、在生活中观看高清视频，还是在娱乐中下载游戏、分享照片，都更加迅速和顺畅。高速的数据传输不仅可以提高乡村居民的使用体验，还能够促进信息的快速流动，为社会的信息化进程带来新的动力。

时延是指数据从发送到接收所经历的时间，低时延意味着数据传输的响应速度更快。在 5G 网络下，时延可以降低到毫秒级甚至亚毫秒级，这意味着乡村居民可以更快地获取实时的数据。例如，在视频通话中，可以实现更加流畅的视频画面和更加清晰的语音传输；在在线游戏中，可以实现更加快速的游戏响应和更加稳定的游戏体验。低时延还使得各种物联网设备之间的通信更加可靠和高效，这有助于推动农业物联网技术的发展和应用，为智慧农业的发展提供强大支撑。

人工智能（AI）、虚拟现实（VR）、增强现实（AR）等领域，需要大量的数据传输和实时的数据处理，而 5G 网络的高速率和低时延特点可以满足这些技术的需求，推动其发展和应用。在医疗健康领域，5G 网络的高速率和低时延特点可以实现远程医疗、远程手术等服务，为患者提供更加便捷和高效的医疗服务。在智能交通领域，5G 网络的高速率和低时延特点可以实现智能交通信号控制、自动驾驶汽车等应用，提高交通运行效率和安全性。这些新兴技术的发展和应用将进一步推动社会的进步和发展，为人类的生活带来更多的便利和可能性。

二、为乡村经济转型提供重要驱动力

扩大通信网络覆盖对于乡村地区的发展至关重要。在过去，乡村地区由于地理环境复杂、人口稀少等因素，通信基础设施建设面临着诸多困难。随着 5G 技术的逐步普及，其具有的高速率、大容量和低时延等特点为解决这一问题提供了新的可能性。

信息技术的发展已经深刻改变了人们的生活和工作方式，而通信网络的覆盖程度直接影响着信息的获取和传播。在乡村地区，由于通信网络覆盖不足，居民常常难以获取及时、准确的信息。5G技术的应用可以极大地改善这一状况。通过提供高速、稳定的网络连接，5G技术为乡村居民提供了更多元、更丰富的信息获取渠道，使其能够及时了解各种信息，如天气、农业、政策等方面的信息，从而更好地参与社会生活和经济活动。这将有助于提升乡村地区居民的信息素养和综合素质，推动乡村社会的全面发展。

数字经济已成为当今经济发展的重要驱动力，而通信网络的覆盖程度则直接影响着数字经济的发展水平。在乡村地区，由于通信网络覆盖不足，数字经济的发展受到了一定的制约。5G技术的应用可以为乡村地区的数字经济发展带来新的机遇。通过提供高速、稳定的网络连接，5G技术可以为乡村企业和个体经营者提供更广阔的市场和更多的商机。乡村企业可以利用5G技术开展在线销售、网络推广等活动，拓展销售渠道，增加销售额。个体经营者可以利用5G技术开展远程办公、在线教育等活动，提高工作效率，拓展职业发展空间。这将有助于促进乡村地区经济的转型升级，推动乡村地区的经济繁荣和社会进步。

三、为乡村经济可持续发展赋能

5G技术能够促进农村电商的发展，推动农产品线上销售。在过去，农产品的销售受限于地域和渠道，往往存在中间环节多、信息不对称等问题，影响了农民的收入和农产品的价格。而5G技术的高速率和大容量等特点可以实现农产品的在线销售，打破地域和渠道的限制，将农产品直接销售给消费者。通过搭建农村电商平台，农民可以将自己的农产品上架销售，消费者可以通过平台选购自己需要的农产品，从而实现农产品的直供直销，增加农民的收入。电商平台还可以提供农产品的品质溯源和质量检测服务，保障消费者的权益，促进农产品销售的增长和升级。

　　随着人们生活水平的提高和休闲消费的增加，乡村旅游逐渐成为人们休闲度假的新选择。而虚拟现实和增强现实技术可以实现对乡村景区的全方位展示和体验，吸引更多的游客前来参观游览。建设 5G 基站和智能导游系统可以实现对乡村旅游景点的网络覆盖和智能导览，为游客提供更加便捷、丰富的旅游体验。

　　传统的农业生产方式往往依赖于人工劳动，效率低下，容易受到天气和自然灾害的影响。而物联网和人工智能技术可以实现对农业生产过程的全面监控和智能管理，实现农田的自动浇水、自动施肥、自动除草等功能，提高农业生产的效率和质量。通过搭建农业数据平台和农业物联网平台，农民可以实时了解土壤湿度、温度、气候变化等信息，及时做出决策，提高农业生产的适应性和灵活性。这种智能化的农业生产方式，不仅能够提升农业产量和质量，还能够减少农药和化肥的使用，减轻对环境的污染，促进乡村经济的可持续发展。

第四节　5G 技术推动乡村振兴的政策建议

一、乡村产业升级与创新

（一）技术支持与培训

1.5G 技术普及与培训

　　政府可以通过制定政策来推动 5G 技术在乡村地区的普及和应用。这些政策可以涵盖资金扶持、技术支持、政策倾斜等方面，为乡村地区引入 5G 技术创造良好的环境和条件。政府可以设立专项资金用于支持乡村地区建设 5G 基础设施，降低乡村地区接入 5G 网络的成本，政府还可以出台税收优惠政策，吸引和鼓励企业在乡村地区投资建设5G应用项目，推动5G技术在乡村地区的应用。

政府可以开展相关的培训计划，提高乡村居民和企业对于5G技术的了解和应用能力。培训计划可以包括理论培训、实践操作、案例分析等内容，旨在帮助乡村居民和企业了解5G技术的基本原理、应用场景和操作方法。政府可以联合行业协会、科研机构、企业等开展培训活动，组织专家学者和技术人员进行讲解和指导，提供相关的培训资料和设备，帮助乡村居民和企业掌握5G技术的核心知识和实际操作技能。

政府还可以积极推动5G技术与乡村产业的深度融合，为乡村地区提供更多的发展机遇。乡村地区的产业结构相对单一，发展空间有限，而5G技术的普及和应用将为乡村产业带来新的发展机遇和增长点。政府可以鼓励和引导乡村企业利用5G技术开展创新创业，推动传统产业向数字化、智能化转型升级。政府可以通过组织创业大赛、设立创业基金等方式，支持乡村企业利用5G技术开展农业智慧化、乡村旅游"互联网+"、电商物流等创新业务，促进乡村产业的转型升级和增长。

2.数字化产业培育

推动数字化产业培育是当前乡村振兴战略的重要组成部分，而政策扶持和技术支持是实现这一目标的关键。政府支持乡村产业数字化转型，以及鼓励乡村企业利用5G技术开展智能制造、远程办公、电子商务等新型业务，不仅可以提高乡村产业的竞争力和创新能力，还可以促进乡村经济的发展，实现乡村振兴的目标。

数字化产业培育需要政策扶持来提供政策保障和政策激励。政府可以出台一系列支持乡村产业数字化转型的政策措施，包括财政补贴、税收优惠、信贷支持等。政府可以给予数字化产业企业一定比例的税收减免，降低其经营成本；可以向数字化产业企业提供财政补贴，支持其购置先进的数字化生产设备和技术；可以加大对数字化产业企业的信贷支持，降低其融资成本，促进其发展壮大。这些政策措施将为数字化产业的发展提供政策保障和政策激励，为乡村产业数字化转型提供有力支持。

技术支持是数字化产业培育的重要保障。5G技术的应用将为乡村产业数字化转型提供强大的技术支持。5G技术具有高速率、大容量、低时延等特点，可以为乡村产业提供更为先进的网络技术支持，从而为乡村企业的数字化转型提供有力支撑。借助 5G 技术，乡村企业可以实现更快速、更稳定的网络连接；可以开展更多样化、更高效率的数字化业务；可以实现智能制造，实现生产过程的自动化和智能化；可以实现远程办公，实现员工远程协作和灵活办公；可以助力电子商务，实现线上销售和线下服务的结合。这些新型业务的开展将为乡村产业的发展提供新的动力，为乡村经济的振兴注入新的活力。

（二）创业扶持与项目引导

创业扶持与项目引导是促进乡村经济发展的重要举措。政府制定重点项目引导政策，结合乡村资源禀赋和 5G 技术发展方向，可以为乡村经济注入新的活力和动力。通过推动发展乡村特色产业，如农产品电商、乡村旅游、文化创意产业等，政府可以实现乡村产业升级和经济结构优化，为乡村振兴注入新的活力。

创业扶持与项目引导是政府支持乡村经济发展的重要举措。随着城市化进程的加快，乡村地区面临着人口外流、经济发展滞后等问题，需要政府采取积极的措施推动乡村经济的发展。在这一背景下，政府可以制定重点项目引导政策，鼓励和支持创业者在乡村地区开展各类创业项目，促进乡村经济的多元化发展。通过引导创业项目的发展，政府可以激发乡村的发展活力，推动乡村经济的转型升级，实现经济的可持续发展。

政府可以结合乡村资源禀赋和 5G 技术发展方向，制定重点项目引导政策，推动发展乡村特色产业。乡村地区具有丰富的自然资源和人文资源，如农产品资源、乡村风光、传统文化等，这为乡村特色产业的发展提供了丰富的资源基础。政府可以充分利用乡村资源禀赋和 5G 技术发展方向，制定相关政策，引导和支持农产品电商、乡村旅游、文化创意产业等特色产业的发展。这些特色产业不仅可以充分利用乡村资源，还可以结合 5G 技术的发展，拓展市场空间，提高产业附加值，为乡村经济发展注入新的活力。

政府可以通过创业扶持和项目引导，推动乡村产业升级和经济结构优化。乡村地区传统产业面临着产业结构单一、附加值低、市场竞争力弱等问题，需要政府采取有效措施加以改善。政府可以通过制定相关政策，引导和支持乡村产业的转型升级，推动传统产业向现代化、智能化方向发展；可以鼓励农民合作社积极推动农产品电商发展，拓展农产品销售渠道，提高农产品的附加值和市场竞争力；可以支持乡村旅游景区开发文化创意产品，丰富旅游产品供给，提高乡村旅游的吸引力和竞争力。通过推动乡村产业的升级和优化，政府可以实现乡村经济的转型发展，提升乡村经济的发展质量和效益水平。

二、乡村基础设施建设与服务改善

（一）数字基础设施建设

政府应该加大对乡村 5G 网络基础设施建设的投入。政府应通过资金和技术支持，加快 5G 基站的建设和覆盖，确保乡村地区能够及时接入 5G 网络，享受到高速、稳定的网络服务。政府可以采取激励措施，鼓励通信运营商加快乡村 5G 网络的建设进度，提高覆盖范围和覆盖密度，确保网络信号的稳定性和覆盖广度。

政府可以通过优惠政策和补贴措施，鼓励乡村地区居民和企业使用 5G 网络；可以推出资费优惠、设备补贴等政策，降低 5G 网络使用的成本，提高 5G 网络的普及率；还可以加强对乡村居民和企业的 5G 网络普及宣传，增强他们对 5G 网络的认知和了解，促进他们更加积极地使用 5G 网络。

政府还应该注重乡村 5G 网络建设的可持续发展。除了加大对 5G 网络基础设施建设的投入外，政府还应该加强对 5G 网络设施维护和更新的管理，确保网络设施长期稳定运行。政府应该注重 5G 网络与乡村产业发展的结合，促进数字经济、智慧农业等领域的发展，实现乡村经济的持续增长和可持续发展。

政府可以通过政策支持和资金投入，加快建设数字化服务中心。数字化服务中心是提供数字化服务和信息化支持的重要平台，可以为乡村企业和居民提供数字化产业发展、信息化管理等方面的服务和支持。政府可以加大对数字化服务中心建设的资金投入，提高其设施和设备的性能，打造一批功能齐全、服务完善的数字化服务中心，为乡村产业发展和居民生活服务提供有力支持。

政府可以鼓励乡村企业和居民利用智能化设备进行生产和生活。智能化设备是实现数字化产业发展和居民生活服务数字化转型的重要工具。政府可以推出政策，鼓励乡村企业引进和应用智能化设备，提高生产效率和产品质量。政府还可以鼓励居民利用智能化设备改善生活品质，如智能家居设备、智能健康设备等，提高生活的便利性和舒适度。

政府还应该加强对信息化设施建设和应用的监管。除了加大对数字化服务中心和智能化设备建设的资金投入外，政府还应该加强对其运行和管理的监督，确保其服务质量和安全性。政府还可以加强对信息化设施建设和应用的指导和培训，提高乡村企业和居民的信息化素养，促进信息化设施的合理利用和应用推广。

（二）数字化政务服务

数字化政务服务的推动需要政府在政策上给予积极支持。政府部门应当加大力度，推动相关法律法规的制定和修订，为数字化政务服务的发展提供制度保障。这包括制定关于在线政务服务平台的规范管理、数据安全保护、信息公开透明等方面的法律法规，以及对数字化政务服务的推广普及、技术支持、人才培养等方面的政策支持。政府只有在政策上积极支持，才能够为数字化政务服务的顺利推进提供坚实的法律保障和政策支持。

建立在线政务服务平台是实现数字化政务服务的关键举措之一。政府应当投入资金和人力资源，积极建设和维护在线政务服务平台，为乡村居民和企业提供全方位、多样化的政务服务。在线政务服务平台应当涵盖各个领域的政务服务内容，包括但不限于办事指南、在线申请、在线咨询、在线支付等，满足用户的多样化需求。政府还应当注重在线政务服务平台的用户体验和界面设计，使其操作简单、界面友好，方便用户快速查找和办理相关事务。

政府应当加强数字化政务服务平台的信息化建设和数据共享。在信息化建设方面，政府应当不断完善和更新在线政务服务平台的技术设施和功能模块，提升其稳定性和安全性。在数据共享方面，政府应当加强不同部门之间的数据共享和交换，打破信息孤岛，实现政务数据的整合共享，为在线政务服务提供更加全面、准确的数据支持。政府还应当加强对在线政务服务平台的监管和评估，定期开展安全审查和用户满意度调查，及时发现和解决存在的问题，保障在线政务服务平台的正常运行和良好发展。

政府应当积极开展宣传推广工作,提升乡村居民和企业对数字化政务服务的认知和使用意愿。政府可以通过多种渠道,如政府官方网站、宣传广告、社区活动等,向乡村居民和企业宣传在线政务服务平台的建设情况、服务内容和使用方法,提高其对在线政务服务平台的认知和了解程度。政府还可以利用新媒体平台,如微信公众号、手机 App 等,开展在线政务服务的推广和宣传,引导和鼓励更多的乡村居民和企业使用数字化政务服务,享受其带来的便捷和高效。

第二章　5G 技术助力实现智慧农业

第一节　5G 技术开启智慧农业新时代

5G 技术在农业的应用将为智慧农业的打造和发展提供必要的技术支持。在 5G 技术应用中，智慧农业有广阔的发展前景，但也有未解决的难题。5G 技术可以与其他先进技术融合在一起，如云计算、大数据、人工智能等，共同构建综合服务平台，进一步扩大智慧农业的应用范围。

智慧经济在农业中的表现可以总结为智慧农业，智慧农业是智慧经济的重要组成部分。随着全球粮食安全问题的不断加剧，智慧农业逐渐被推上了历史舞台。智慧农业涉及很多与农业生产和服务相关的领域，包括气象、土壤、水利、植保、畜牧渔业等方面。智慧农业可以提高现有农业生产的效率和质量，有助于缓解全球粮食危机，同时降低食品生产成本，提高食品的品质和安全性。然而，当前智慧农业面临着许多问题和挑战。首先，智慧农业的数据没有很好地被采集和利用，这导致一些农民的数据服务存在困难，同时也使得农民难以获得准确的信息。其次，智慧农业的数字技术方案相对滞后，这导致一些智慧农业的技术应用效果不够理想。

因此，如何增强智慧农业技术应用的能力、改善数据管理与采集的问题、优化智慧农业产业链的服务营销，是必须考虑的问题。针对这些需要改善的方面，5G 技术的应用可以被视为重要的技术支持点。5G 技术作为新一代通信技术的代表，具有高速率、低时延、大容量等特点，这些都是智慧农业所需要的，能够为智慧农业发展提供有力的技术支撑和保障。

一、智慧农业的优势

智慧农业是针对传统农业中管理和生产效率低下的问题，借助物联网、大数据、人工智能等新兴技术，将传统农业生产转变为智能化、信息化和数字化生产的一种新型农业模式。随着社会经济的发展和人民生活水平的提高，农业生产面临的挑战也越来越多，智能化农业的发展和创新及多技术的参与，对农业的各个关键环节进行改进和升级，有助于更好地满足人们的需求，同时也有利于农业的持续发展。

（一）提高农业生产管理的效率

传统农业生产在自然条件较好的情况下多为小农生产模式，由于缺少现代管理经验和高科技工具，管理相对烦琐，且呈现持续、重复、低效的状态，这种生产模式无法满足现代化社会生产管理的需求。现代化农业生产对于农产品生产效率、生产成本和产品品质等指标都有极高的要求，这就需要从机械化和智能化的角度对农业进行改进升级。智能化物联网技术的应用，使得农业的各个环节都能得到精准的管理、调度和控制，农业生产成本得以降低，产出率有所提高。

（二）优化农业种植模式

随着经济的发展和城市化的推进，农业土地面积逐渐减小，但是人口增长、粮食需求增大，使得当前的农业生产面临土地资源有限的问题。智慧农业能够帮助农民精确管理土地资源，使用新技术，如人工智能、大数据、5G 技术等，可以通过监测绿植生态系统，分析土地形态、土地质量、土地湿度等因素，制定更加科学合理的种植方案，利用有限的土地资源实现高效种植。

（三）提高农业生产的信息化水平

现代化农业生产过程中，采集、传输、存储、处理、应用各种农业信息，可以提高农业生产的效益和质量。但是现实情况是，由于条件限制，现代农业生产中明显存在信息化程度低下的问题，原因包括农业产业链不完整、农民文化教育水平不高、农民缺乏信息意识和缺乏信息技能等。然而，应用新兴技术实现智慧农业，能够通过多种信息抓取，快速配置、处理、分析和管理各类农业数据，实现农业生产过程的数字化和智能化，提升农业生产效率，使得农民更好地掌握生产情况和进行决策，进一步实现农业可持续发展。

二、5G+智慧农业的优势

5G技术可以在智慧农业中发挥巨大的优势，实现农业的数字化和智能化。下面将列举5G技术在智慧农业中应用的优势：

（一）高速率

5G技术的核心是毫米波，其相较于4G技术有着更高的带宽和传输速率，能够达到每秒上百兆比特的高速传输，这无疑使智慧农业应用的实时性和准确性有了很大提升。农民可以利用5G技术收集和处理大量的实时数据，其中包括天气、土地、灌溉、防灾、病虫害等信息，从而更好地享受智慧农业带来的便利。

（二）低时延

5G技术可以为智慧农业提供低时延的网络体验，这可以避免一些因沟通延迟而导致的损失。人类的反应时间一般是0.4秒，即400毫秒，而5G网络的反应时间可以低到1毫秒。也就是说，如果出现紧急情况，5G网络的反应速度要比人类快得多。对于智慧农业的农业机械和设施控制，在5G技术低时延特点的支持下，可以达到高准确性和高时效化的应用效果，这将进一步优化生产过程，同时为整个行业带来更大的经济效益。智能系统也可以对农作物生长情况和土壤湿度等进行实时监测，从而为接下来的种植规划提供依据。

（三）高可靠性

5G 技术具备更高的容错性和信息安全性，这能够为智慧农业的信息传输提供更安全、更可靠的保障。同时，5G 技术也可以实现对智慧农业中农作物生产管理过程的实时预警和监测，避免发生意外事故而导致损失，提高管理的稳定性和可持续性。5G 技术可以帮助农民更好地管理农作物生长过程，使农民快速、准确地识别农作物种类并统计种植面积，从而实现种植收益最大化。

三、5G 技术在智慧农业网络体系结构中的作用

智慧农业网络体系结构应包括前端数据采集、远程视频监控、智能数据分析云平台、远程智能控制、智能用户终端等五部分，如图 2.1 所示。

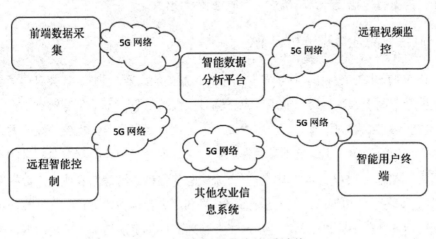

图 2.1 智慧农业网络体系结构

（一）前端数据采集

前端数据采集主要是通过海量传感器采集各种生长数据，包括二氧化碳浓度、土壤酸碱度、土壤湿度、环境温度、气象情况等。海量传感器的接入对网络连接有一定的要求，而 5G 技术三大应用场景中的大规模机器通信（mMTC）主要面向的是海量设备连接的需求。因此，5G 技术的应用，可以为智慧农业中生产环境数据的采集提供强有力的技术支撑，为后续智能数据分析云平台的分析提供数据保障。

（二）远程视频监控

在智慧农业应用中，远程视频监控对图像分辨率要求较高，如果视频清晰度不够，将无法实现对数据的正确分析。因此，传统的视频监控系统分辨率显然已无法满足这种需求，对此需要一种新的远程视频监控系统，该系统应具有更高的清晰度、精确度和更好的实时控制性能，以满足对数据的精确提取。5G 技术三大应用场景中增强型移动宽带（eMBB）主要面向的是大范围的网络覆盖以及大数据流量传输需求，正好满足这一需求。因此，以 5G 技术为基础部署的远程视频监控系统，能更有效地提升其精确性、实时性和智能性。

（三）智能数据分析云平台

在 5G 技术的支撑下，各种农业信息的传输更加高效、便捷，各类农业信息的高度整合有利于解决传统农业中信息传输时效慢、信息共享不足等缺点，极大地提升农业信息综合利用率。在传统农业中，种植主要靠经验，粗放的经营方式主要建立在传统经验之上，这就导致在农业生产管理过程中，会存在非常多的不确定因素。然而，在 5G 技术的支撑下，传统经验将逐步被海量的农业生产数据所取代。通过对各系统传输来的数据进行整合，再利用大数据技术进行综合计算分析，智能数据分析云平台得以为农业生产者及管理者提供更加精确的数据服务，使农业管理更加智能、高效。

（四）远程智能控制

远程智能控制系统主要是利用智能数据分析云平台对各类农业生产信息数据进行分析，做出决策，并通过对自动化控制设备的控制实现决策执行。而 5G 技术中高可靠低时延通信（uRLLC）主要面向对网络延时、网络传输安全要求较高的应用需求，这与远程智能控制系统的需求不谋而合。5G 技术的支持，使得农业自动化更加精确、可靠。

（五）智能用户终端

智能用户终端面向农业生产管理者及消费者。一方面，农业生产管理者不仅可以通过智能用户终端查看农作物生长实时数据、农作物生产环境参数变化等，还能获取种植建议，查看数据服务，并根据建议决策操控远程智能控制设备，实现远程智能种植。另一方面，消费者利用智能用户终端可以实现农产品溯源，这有助于提高农业食品安全保障水平。

四、5G 技术对智慧农业发展的影响

（一）推动智慧农业信息化建设

在农业生产过程中，农业管理非常重要，而智慧农业信息化的建设对农业管理智能化有着非常重要的意义。在现有农业信息系统的基础上引入 5G 技术，安装海量无线传感器设备及高清摄像设备等，能够采集大量的实时数据，进而有效推动云计算、云存储等云服务的完善。5G 技术的高速率、低时延、高可靠性等特点可以促进农业信息化朝着信息更开放、功能更完备的方向发展。同时在智能数据分析云平台的支持下，人们可以深耕农产品价值，促进市场资源的回流，为乡村现代化建设提供信息资源。除此之外，5G 技术与农业信息化的融合，能够有效推动农业产业的优化与改革：一方面，智慧化、精准化的农业生产能够减少劳动力成本，提高生产效率；另一方面 5G 技术与农业信息化的融合又可以推动生产、加工、销售、服务为一体的现代农业产业链的革新，同时可以推动休闲观光农业、乡村生态旅游等新兴产业的发展。

（二）提高农业数据使用效率，促进大数据技术的发展

5G 技术在信息传输方面的优势使得数据能够高速、高效地传输至智能数据分析云平台，大大提高了数据传输的精确性、实时性和可靠性。尤其在远程视频监控方面，5G 技术能够提供 8K 分辨率的视频图像传输，能够实现对农作物生长状况及生长环境的实时高精度传输，为后续数据分析提供更加精确、更加高质量的数据支撑服务。有了农业生产过程中的大量数据后，人们可以在智能数据分析云平台上进行全方面生长要素分析，为抗灾、抗病虫害等提供决策，降低农业生产成本，提高农业生产抗风险能力。除此之外，人们还可以通过大数据分析市场需求，提前规划生产，使农业生产更精准、更高效。

（三）促进农产品溯源，提高食品安全保障水平

5G 技术的使用使得智慧农业更加公开。5G 技术可以将物联网、移动互联网、射频识别（RFID）等技术应用于农业种植、采摘、存储、流通、销售等环节，使农业生产更加公开，从而推动农产品质量溯源体系的构建。消费者可以通过终端查询农产品的源头，掌握农产品的生产及销售过程，这无疑是对食品安全的一种有力保障。除此之外，监管部门也可以利用溯源系统提供的数据进行安全监测，落实安全生产责任，形成全方位的安全监管机制，为消费者提供更加安全放心的农产品。

（四）推动农业产业新模式，促进农产品销售

5G 技术的使用不仅能够催生海量数据收集、信息平台建设等技术服务需求，同时也打开了更大的农资产品销售空间。随着时间的推移，主流消费群体正在发生变化。他们相比于以前的消费者有着全新的消费理念，喜欢追求创新、爱分享、爱社交。同时，他们也是互联网时代的"原住民"，对科技的接纳速度快、意愿强。这意味着未来"农村网络零售额"还会持续增长。随着 5G 移动通信网络的建设，

加之网络直播等内容生态的丰富，农村电商处于"天时、地利、人和"的时期，不论从消费者、技术还是宏观环境的层面来看，其都具备了爆发的可能。新的农业产业模式从规模上，从体量上，从发展速度上都会碾压传统农业产业模式，农产品网络零售额也会有更大的提升空间。

第二节　5G 技术在智慧农业中的应用

5G 技术带来了现代信息技术的颠覆式变革，随着 5G 技术的快速发展和商业普及应用，智慧农业的发展也迎来利好。5G 技术具有大宽带、广接入、低延时等优势，能够让农业生产通过智能物联突破诸多瓶颈，培育出新的应用场景和业态，促进现代农业转型升级。

一、农业物联网

（一）农业智慧化生产

智慧农业的关键是生产智慧化，涵盖生产要素、生产决策和生产过程等诸多内容。利用 5G 技术，人们能够高效采集、传输海量的农业生产要素数据，包括温度、湿度等。同时，综合应用大数据、人工智能等现代技术，人们可以动态管控农事活动，监测农机运行过程，分析农产品状态，在自动控制农业设施的基础上，实现智能决策目标。现阶段，农业智慧生产主要有以下典型应用：

1.农业无人机

当前，无人机主要应用在农业资源调查、药物精准喷施、农作物产量预测等方面，具有较大的数据采集量。基于 5G 网络的支持，人们可综合应用人工智能等先进技术分析、处理无人机采集的数据，实时评估无人机作业效果，促使低时延的无人机闭环飞控得以实现。在未来发展中，应该加强对无人机飞行领域的大数据服务云平台建设，进一步拓宽农业无人机的运用领域，如农业测绘、农作物成熟度分析等。

2.数字种植

现阶段，数字化、智能化技术在农业种植领域得到了广泛应用，如采集分析环境数据、评估农作物长势及产量、识别防控农业病虫害、自动控制农业设施等。基于 5G 网络设计智慧云农解决方案，可以有效接入高密度部署的传感器设备，利用人工智能技术处理高清摄影机拍摄的影像数据，且能够远程或自动精准控制农业机器人等设施设备；依托人工智能构建的数字化模型，可以预测分析气象环境与作物生长趋势，为化肥、农药的使用提供支持，减少农业面源污染，从而实现农业数字化与智能化。基于农业物联网的支持，人们可对设施环境信息与视频信息进行实时远程获取，利用模型分析调控各类设备设施，包括喷淋滴灌、加温补光等，为农作物生长提供更好的生长环境。例如，在农作物种植过程中，可将农业数字采集站建立于田间，依托传感器、摄像头等设施对空气温湿度、土壤酸碱度、土壤肥力、光照等信息实施采集，利用 5G 技术向云端快速、稳定地传输，经过数据分析即可对农作物的生长信息进行高效掌握，及时优化农业生产决策。

3.智慧养殖

在农业养殖方面，利用数字化技术能够检测、消杀养殖环境，动态控制设施设备，自动识别与检测养殖动物的个体状态。基于人工智能、5G 等技术的支持，人们可高效采集、分析动物生长特征，准确识别与监测动物个体生长状态，依托电子耳标等设备数据化管理其成长过程。同时，人们可对动物的日常进食、活动量、发情期等相关生理指标进行监测，为繁育工作提供支持，并利用数字化技术定期评价饲料转化与增重效率，调整与优化饲养方案。此外，依托 5G 等技术实时监控动物的生长情况，人们能够及时发现动物的各类异常，及时介入治疗，降低各类动物疫病的发生概率。

4.工厂化育苗

在农作物育苗过程中，可利用数字化技术动态监测植株个体生长状态，远程操控各种育苗设备。基于5G技术的支持，人们可高效回传利用3D机器视觉技术采集的植株个体三维图像，构建以植株表征为核心的三维模型，依托人工智能准确评估个体状态，及时调整育苗区环境，保证农作物苗株健康生长。

（二）农业精准化经营

农业物联网有利于控制经营成本，提升经营效益。基于农业物联网的支持，人们可全面收集、整合分析农产品加工与流通等各个环节的数据，为农业经营决策提供有效支持，促使农业经营实现精准化。

1.产能调配

特定区域的农产品总体产量受种植面积的影响较大，且市场供需关系对农产品单价与农业经营收益也会产生影响。对此，可综合利用大数据与地理信息技术（3S技术）获取、分析农作物种植面积等数据，对区域农产品总量、上市周期等进行预估，依据客观预测的市场需求调配农业产能，避免部分区域出现农产品供给不足或供给过剩等问题。

2.食品溯源

为保证食品质量安全，需加快建设食品溯源体系，获取农业生产与流通等各个环节的真实数据。基于农业物联网的支持，人们可利用标识解析技术构建农产品的标识解析码，依托物联网技术向区块链上传农产品的生产流通数据，将食品溯源平台提供给生产者、中间商以及消费者等多方主体，实时追溯农产品全生命周期数据。

3.绿色农业

传统农业经营模式存在粗放、落后等问题，不但难以合理使用土地、肥料、药物等生产资源，还无法保证经营管理效率。近些年来，绿色、低碳、可持续发展成为农业经营的重要目标。基于大数据与5G等技术，人们可对海量生产经营数据进行实时采集与传输，依托人工智能进行高效处理与分析，能够加快区域内绿色农业模式的建设，为农业经营活动提供有效指导。

4.乡村旅游

综合运用 5G 技术与虚拟现实或增强现实沉浸式技术，能够进一步优化广大用户的体验，推动乡村旅游的持续发展。可利用 5G、虚拟现实等技术将自助导游服务提供给用户，提升景点吸引力。同时，虚拟现实技术可向非现场用户直观呈现景区风景，满足用户的线上旅游需求。

5.农产品营销

应用 5G 技术与农业物联网，能够变革和创新农产品营销模式，大幅提升营销效益。例如，5G 技术的应用，为农产品直播提供了良好的条件。消费者利用网络能够便捷了解农产品的种植过程，全面掌握化肥、农药等投入品的使用情况，在增强农产品生产过程透明性的基础上，打消消费者的顾虑和担忧，有效对接生产和消费，提高销售额。

（三）农业全方位服务

现阶段，由于缺乏相应的对接平台，农业生产经营中还存在认知偏差、信息不对称等问题，导致服务效率与质量得不到保证。而农业物联网能够将对接平台提供给供需双方，加强双方之间的信息交流与沟通，有助于改善涉农单位的服务效果。

1.农业科技服务

目前，农民群体的受教育水平相对偏低，很多农民缺乏较高的技术能力。农民的接受能力偏低，同时其主动学习意愿不强，加上农事繁忙，难以组织线下集中培训。对此，可利用农业物联网与 5G 技术搭建线上学习平台，依据区域农业生产状况和农民实际需求，合理规划设计培训课程，利用图片、视频等形式直观形象地呈现给农民，引导其结合自身情况灵活选择学习时间和学习方式，切实改善农业技术培训效果。农事指导的主要职责是协助农民解决在农业生产经营中遇到的难题，基于人工智能、5G 等技术的支持，农民可将问题以照片或视频的形式上传到系统平台上，由系统或农业专家诊断，并给出解决办法。

2.农业金融服务

养殖主体在获取金融服务方面面临着活体抵押难度较大的问题，而利用物联网、机器视觉等技术能够数字化处理动物资产，顺利开展保险、抵押贷款等业务。种植主体在获取金融服务方面面临着产权地块划分不准确的难题，而结合利用土地确权数据与3S技术，能够数字化处理产权地块的划分，且能够分析地块及农作物的种类与长势。

二、数据分析和决策

（一）数据传输和存储

随着 5G 技术在智慧农业中的应用越来越广泛，数据的传输和存储也越来越重要。5G 技术可以提供高速率、低时延的数据传输服务，为智慧农业中的数据传输和存储提供良好的保障。数据传输和存储是智慧农业中的重要一环，对于各种传感器、农业机械装备和其他智能设备采集的数据进行传输和存储是智慧农业信息化的前提。

5G 技术的高速率和低时延等特点可以提高数据的采集效率，同时为大型数据快速传输提供良好的技术基础。在智慧农业中，5G 技术可以用于数据传输和实时监测，将各种数据传输到数据中心进行分析和处理。这些数据可以包括土壤含水量、气象数据、气候指标、植物生长信息等。利用 5G 技术，这些数据可以在极短的时间内传输到数据中心，然后进行实时分析和处理。比如，日本千叶大学应用5G 技术进行无人机植保服务，将无人机采集的大量植物信息和图像数据传输给数据中心进行分析和处理。

5G 技术的低时延特点使得实时监测成为可能。在智慧农业中，实时监测是非常重要的一环，是农业生产中更加精细化的管理手段之一。基于 5G 技术的支持，人们可以建立无缝的通信网络，将各种数据实时传输到数据中心，使得随时随地监测设备和工具的运行状态成为可能。比如，在某些果园中，利用 5G 技术实时监测各类农业设施设备如喷雾机、灌溉器等的运行状态，将各种数据传输到数据中心进行实时监测和记录，这样就可以及时发现问题，并进行调整和更正，从而提高工作效率和生产效益。

在数据存储方面，5G 技术可以帮助人们管理大量的数据，构建更加完善的数据管理系统。5G 技术的低时延、高带宽和高机密性特点，可以极大地提升数据存储和分析的效率。例如，美国芝加哥的一家农业大数据公司，利用 5G 技术建立了一个大规模的云数据存储系统，可以存储大量的农业数据，从而提供数据分析和决策支持。

（二）数据分析和决策智能化

随着 5G 技术的广泛应用，越来越多的智慧农业场景能够实现数据的高速传输、可视化分析和智能决策。在 5G 技术的支持下，智慧农业系统可以快速、准确地采集大量农业数据，如天气、土壤、农作物生长状况等信息，同时对这些数据进行实时处理和分析，为农民提供决策支持和最优化的农业劳动力配置方案，进而提高农业生产效率和质量。

智慧农业数据分析的核心是依据多源数据的关联性，建立大规模的数据分析模型，并采用人工智能等技术进行数据挖掘、预测、决策等。5G 技术作为一种高速率、低时延、高可靠的通信技术，可以为智慧农业数据传输和处理提供前提条件，使得数据的收集、处理和决策更高效、更准确。

在智慧农业中，人们可以通过传感器实现对土壤状态的监测，包括实时采集土壤的温度、湿度、pH 值等指标，并将数据传输至云端进行分析。通过数据分析与使用 AI 算法，智慧管理系统可以根据土壤的不同性质和农作物特点，精准地指导农民管理农作物，调整土壤养分，及时发现病虫害，选择适当的化肥配方和药剂等。此外，在不同天气和气象条件的影响下，智慧农业管理系统还可以预测不同农作物的产量并向农民提供最佳种植建议。

三、农业生产调控

（一）农业机器人

农业机器人是具备人工智能和自主导航系统的智能设备，其应用领域包括农作物的收获、播种、灌溉和施肥等方面。在 5G 技术支持下，农业机器人被越来越广泛应用于智慧农业中的生产调控环节，从而为农业生产带来更高效、更智能的方案。

一方面，农业机器人能够减轻农民的体力劳动，实现农业生产的自动化。例如，松下电器推出的自动驾驶车辆（AGV）可以在果园中自主导航，扫描地上的果实并通过机械臂采摘。同时，自动驾驶车辆还可以实现果实分类和分拣，大大提高生产效率和质量。此外，农业机器人还能在田间地头自主完成土壤采样、农作物监测等工作，为生产调控提供更为精准的数据支持。

另一方面，农业机器人能够根据时空数据进行智能化决策，提高农业生产的质量和效率。例如，国内的中兴通讯股份有限公司研发了基于 5G 技术的智能化烟田管理系统，通过对环境数据的实时采集和分析，利用机器学习算法对烟草生长过程进行预测。基于这些数据，机器人能够自主进行施肥、灌溉和病虫害防治等工作，从而实现烟草生产的精准调控。

（二）自动化操作控制

自动化操作控制是指通过计算机技术，将农业生产中的操作控制相互耦合，实现自动化操作控制系统的建立和应用，使农业生产过程变得更加智能化和自动化，从而提高生产效率和产量。在农业生产调控中，自动化操作控制可以实现精细化生产管理，如精准施肥、精准灌溉、精准采摘等，从而提高农作物的品质和收成，同时还能够减少劳动力和管理成本，提高经济效益。

四、5G+智慧农业应用

（一）5G+智慧种植

智慧农业涉及农业投入、生产加工、种植、养殖、流通、存储、零售、消费等多个环节，可将 5G 技术用于园林、温室、农田等目标区域传感节点，根据种植、养殖需要，控制无人检测设备、环境传感器等更为精确、标准化地监测农产品生长。

用户通过遥测技术，可实时采集农作物信息、田间信息、气象信息、泵阀状态及电参数，掌握风向、风速、光照、大气温湿度、辐射、降雨量等数据，保证农业种植数据的及时性、连续性、完整性，为科学种植分析提供依据。

在智慧种植管理方面，5G 技术可以提升光谱信息、高清视频、图片等数据采集能力，使大容量采集、种植生产环境等信息更加精准。用户可利用 5G+无人机、视频监控等监测设备，实现对资源、病虫害、动植物的监测与巡检。中心云平台可借助人工智能和大数据技术，将有害物质、温度、光照等信息实时传输到云端，进行综合大数据建模，在对信息进行处理后实现对种植方案的规划和科学管控，防止农作物病虫害，保障农产品品质和安全。

以往，农民的安全种植环保意识不足，缺乏对一些专业技术的了解，存在农药水量配比不合理等问题，在一定程度上妨碍了绿色生产及综合防治的发展。在智慧农业视域下，5G+大数据有利于实现科学应用生物防治技术、绿色种植技术，同时结合无公害栽培技术、理化诱控技术，共同推动绿色种植，助力农业生产实现智能种植，使智慧农业更具有"智慧"。

（二）5G+智慧作业

5G+农业自动生产依靠机器视觉、定位导航和控制，可极大提升系统的协同化、智能化水平。通过可视化智能分析和大数据平台云端的协同，农业机器人可覆盖大田作业、设施农业、水产渔业等领域，在一定程度上替代人工进行生产、管理、采摘、维护等工作。嵌入 5G 技术的智慧农业，既可以保证数据高精度、高效传输，又能够满足农机控制技术和定位导航、数据传输效率的要求。

以 5G 技术为基础的环境传感器、视频摄像头、无人机、卫星定位、播种机、植保机、灌溉系统等智慧系统与智能设备，可根据环境变化，在云端智能计算的帮助下，实施自动化作业、跟踪、管理，提高农作物生产效率，降低生产成本，提高种植生产管理水平。当前，传统网络已经无法满足无人机、机器智能设备在带宽、时延等方面的要求，智能设备作业覆盖面积小，可靠性低，而 5G 技术的超高清（8K）分辨率和远程低时延控制能力，可以支持设备云端智能计算，从而提升作业的可靠性。

例如，在传统智慧作业过程中，药液雾滴漂移量大，配套专用制剂相对缺乏，作业体系不完善。而在 5G+智慧设备的作用下，智慧设备的自动驾驶系统可利用机械控制、卫星定位、惯性导航，使农机按照规划好的路线作业，便捷、高效地实现远程多机操控与管理，实时采集、分析生产数据，自动完成播种、耕地、施肥、喷药、收获、插秧等操作，其作业精度可达厘米级。

利用智慧农业大数据分析判定，在云端可以依据模型，控制电磁阀、水泵等进行远程灌溉、投食、喷洒农药等操作。比如，利用病虫害专业化系统集成绿色防控技术，人们可以依托数据挖掘实现对科学方案的分析，进而完成自动翻耕田地、灯光诱杀和机械施肥等操作，保证施药作业的效果和质量。5G+智慧作业能够实现生产过程中的定量决策、智能控制、信息感知、精准投入、个性化和精准化服务，减少化学物质的使用频率，保证农作物产量，保护农业生态环境，提高农业企业的综合竞争力。

（三）5G+智慧诊断

将 5G+物联网、区块链、人工智能等技术应用于环境控制、育种管理、质量追溯等智能远程监控、管理作业生产中，可实现对农业生产远程诊断与操控。例如，农田环境系统集合了灾情摄像机、病虫害防控、虫情测报灯、农作物生态监测等内容，人们可以通过 App 实时查看关于农作物生长情况的视频影像，对环境信息和各类参数进行设置，并结合环境和气候条件，调整补光系统，还可以借助风机、加湿器、水泵等自动化设备，打造农作物最佳生长环境。利用 5G 技术，人们可将田间农作物的病虫害图片上传至云服务器，结合农作物灾害指标、虫害图库、智能化图谱、专家系统等模块，对农作物进行实时远程专家诊断。专家可以帮助农民识别病虫害，提供科学用药技术、配方和科学管理决策。

（四）5G+智慧农场

"5G+智慧农场"可打造体验式、沉浸式智慧种植新模式。云上智慧农场的搭建，能够保证消费者对农产品的知情权，推动农业产业链改造升级。例如，基于5G技术的虚拟现实全景摄像头、高清摄像等技术能够全面提升消费者对绿色农场的极致体验。通过与消费者之间的互动，突出农场的绿色、自然、田园属性，能够提高消费者对农场新项目、新产品的期望值。另外，将二维码技术用于农产品溯源，可以帮助消费者更好地了解农产品的各种信息。

在5G信息化背景下，智慧农场要紧跟时代潮流，凸显天然、绿色、生态、健康的特征，搭建云观景、云销售、云种植、云体验等平台，实现农业活动与科技的融合。例如，在种植、养殖生产作业环节中，构建环境生态监测体系，实时、全面地采集素材，利用5G技术多平台广泛宣传。消费者也能够利用App远程参与种植、农家乐、观光、采摘等活动。还可建立网站、博客、论坛，以视频、图文、日志等形式，宣传农场中的特色农产品，向消费者展示农业生产工艺、农产品生产与加工等相关信息。

5G+智慧农业有助于农业精细化、高效化、绿色化发展。借助5G+机器视觉、5G+实时检测技术与装备等，向消费者动态介绍农业基地建设历程，向目标客户群体推送悠闲的田间生活、绿色果蔬等信息，并收集客户的反馈意见，全面提升休闲农业生态服务品质，实现农产品差异化营销。在智慧农业生产销售层面，可根据市场、消费者需求，培养区域联合营销意识，以网络信息技术为载体，加强区域整体营销推广，树立农业生态区域品牌，为消费者提供绿色、有机、无公害的产品和精确、科学的全方位信息服务。

第三章　5G 技术助力乡村旅游智慧化发展

第一节　乡村旅游智慧化发展概述

一、智慧旅游的含义

智慧旅游是在 5G 技术催动下，物联网、互联网、云平台等不断向旅游行业渗透并最终形成的一种旅游产业发展模式。智慧旅游利用强大的网络工具来分析旅游者身份，包括来源、消费能力、旅游区域等，能够对游客做到精准分析，挖掘影响本地旅游经济发展的一些外在问题、潜在因素，确保为当地旅游产业补齐短板，实现可持续发展。另外，利用虚拟现实、增强现实等技术建立虚拟旅游，让旅游者和景观、景点互动，让他们在未出行之前可以充分体验旅游产品，然后自主形成最佳的旅游路线。总而言之，智慧旅游对旅游企业、旅游群体而言都有深远影响，可以保证旅游企业与旅游群体精准对接。

二、乡村旅游智慧化发展现状分析

目前，随着互联网覆盖范围的不断扩大，乡村旅游业的智慧化建设速度也逐步加快，但对于那些偏远地区的乡村而言，由于当地互联网发展水平和通信基础设施相对滞后，乡村旅游业发展仍面临很多未知的影响因素，进而无法在短期内实现智慧化发展的目标。另外，一些乡村旅游业虽然认识到了智慧化发展的重要性，并强化了自身旅游景区的管理功能，但由于经费有限，所以在构建智慧旅游管理系统方面仍停留在项目建设的初级阶段。尤其在数据采集方面，仍然采用传统人工填报、统计的方式进行，再加上数据更新速度较慢，其智慧旅游管理系统的宏观管理调控与监管作用等并未完全发挥出来，这在某种意义上会给乡村旅游业的智慧化建设带来一定阻碍。

三、智慧旅游对乡村旅游的影响

智慧旅游给乡村旅游经济发展带来了挑战，同时也带来了巨大的机遇。所以智慧旅游对乡村旅游经济发展具有正负面两种影响，概括起来主要是以下三点：

（一）对乡村旅游管理形成考验

现阶段，乡村旅游管理缺乏全盘规划，"一村一品"尚未成形，存在一定的重复建设、互相抄袭等情况。在智慧旅游背景下，很容易让旅游者分不清具体特点，分不清村与村的不同，这会增加其怀疑心理，进而可能让其取消旅游计划。显然，在智慧旅游背景下，乡村旅游管理必须向正规化、精细化、全盘化发展。

（二）对乡村旅游服务提出挑战

智慧旅游对导游的语言能力、景区的智能管理、路线的合理规划、旅游产品的独特性方面都有较高的要求。游客在网络端便需要了解导游特色、景区特点、路线合理性以及旅游产品性价比，这些必须是实际的数据，若是凭借弄虚作假手段将游客骗来，最终只能是"一锤子买卖"。这意味着乡村旅游必须从旅游服务上下功夫，必须确保货真价实、卖点独特、服务贴心。

（三）为乡村旅游宣传提供方便

目前，全国行政村4G网络覆盖率超过98%，为5G网络建设提供了基础。这意味着乡村将会有智能化系统，人和物、物和物之间的互动会更加紧密频繁。在这样的环境下，5G技术可以让乡村旅游项目得到全面的展示，包括服务项目特点、景观特色、民情风俗等。智能手机的普及，使乡村旅游项目因旅游类博主发布的相关视频而获得推广。然而，其中也存在一定的危机，即旅游类博主对乡村旅游项目不满意，会连锁性导致其粉丝们也给出差评，这将会给乡村旅游发展带来一定的负面影响。

四、智慧旅游背景下乡村旅游经济发展方向

在智慧旅游背景下，乡村旅游经济最缺乏的就是人才。互联网人才、5G技术人才、旅游策划人才、旅游管理人才、旅游培训人才等，都是目前乡村旅游最稀缺的人才资源。这就需要乡村旅游管理部门必须重视人才的引进和培养工作，同时努力开发旅游资源、完善旅游基础设施，包括智能电杆、网络建设、安防系统等。只有在人才具备、设备齐全的基础上，才能探讨旅游管理、旅游服务、旅游推广宣传的解决方案。

（一）智慧化管理，提高资源整合水平

智慧化管理是以当地政府管理为主体，旅游业主管部门为辅，旅游企业为基础的管理。三者都是旅游业管理体系的有机组成部分。

第一，管理部门首要推进的是"一村一品"，要结合自身的核心资源展开，力求真正地达到绝无仅有，避免雷同和照抄。

第二，线路规划方面，管理部门必须匹配相应的交通网络，要有丰富的转乘站点，并确保交通的安全快捷。对于县域旅游，最好有免费的班车，沿途要有美观的智能电杆，该设备不仅可以提供光源，还可以融合5G基站，有效地解决基站选址问题。

第三，在宣传上要求货真价实，不得虚夸。以县域旅游特色构建虚拟旅游平台，能够在网络端为游客提供良好的旅游体验，利于他们做出最科学的旅游线路规划。

第四，对旅游和环境保护展开研究，建立合理的环保体系，降低旅游活动对自然环境的影响。

在智慧旅游背景下，乡村旅游管理涉及文化、人才、生态、经济四个层面的管理，这与我国中央人民政府提出的乡村振兴战略的"五个振兴"相吻合。笔者认为将乡村振兴战略的"五个振兴"与智慧旅游相结合，能够夯实乡村旅游基础，让乡村真正地"山青水美"，具有高质量旅游资源，从根本上避免旅游项目因缺乏竞争力而导致游客"只此一次绝不再来"，让重复旅游、重复消费给予乡村旅游经济巨大的驱动力。

（二）提高乡村旅游服务水平

在智慧旅游背景下，乡村旅游服务的第一个原则就是线上线下统一原则。因为在发达的互联网、移动网环境下，乡村旅游整体都处在网友的视野之内。线上线下不一致，只会让乡村旅游越来越萎缩。故而，需要在导游队伍建设、景区智能管理、旅游项目线路规划、旅游产品特点挖掘上下功夫。

第一，旅游导游队伍建设。首先必须任用职业素养高、信息技能好、表达能力强的导游。在宣传口径上必须和网络端一致，不可擅自改动。导游要善于观察，能够穿插较为有趣的话题来激发游客兴趣。

第二，景区智能管理。主要是要具备安全监视系统、智能导航系统、语音提示系统等，这些系统要和自然景物融合。游客下载景区服务 App 之后，便可以获得所有功能，如虚拟旅游。

第三，旅游项目线路规划。规划上需要各村将自身特色报批，得到管理部门认可后方可建设，力求"一村一品"，避免雷同。而在线路规划上，要有多种方案，全境线路、普通线路、简约线路等，对应不同层次不同需求的旅游者。全境线路适合有钱有闲的旅游者，游客可以逐村逐寨旅游观光；普通线路将一定数量的村寨纳入其中，适合一般的旅游者；简约线路主要是针对时间较少的游客。

第四，旅游产品特点挖掘。"一村一品"是核心，景观开发、项目确立需要围绕"一村一品"形成系统布局，不仅村村不同，而且本村景观、景点、核心项目和产品都彼此紧密咬合，形成一个非常精细的产业链和生态链。

（三）提高乡村旅游宣传力度

在宣传上首先必须确认本村旅游的特点，一是要明确"一村一品"的核心是什么，旅游服务特色是什么，当地具有哪些特别值得宣传的地方。例如，是否有古老的节日传统，是否存在非遗文化，是否有特别的少数民族传说，是否拥有古老的建筑体系等。二是在宣传方法上，可以结合微信公众平台、博客、微博、快手、抖音等进行乡村旅游宣传；可以在景区内面向游客提供交互工具，让游客和景观互动；可以在景区内设置服务器，和基站协同作用，不断地给游客提供相关信息，帮助其辨别方位，介绍项目特点，提供特别的咨询服务等。例如，游客到了某一村寨，系统立刻提醒游客所在位置，并给出具体电子地图，帮助游客认识当地旅游景点，了解旅游服务，从而提升游客的旅游体验。

（四）建立强大的公关队伍

在智慧旅游背景下，不良信息的传播是快速的，负面影响会迅速发酵，从而给乡村旅游带来沉重打击。所以管理部门包括各乡村必须配备强大的公关队伍，以便积极地处理游客投诉，提升游客的满意度，避免传播负面信息。管理部门应对民宿提供者、餐饮服务提供者等旅游从业人员进行严格的管理，确保旅游产品和服务价格公道、物超所值。同时要优化旅游服务流程、服务方法，真正地做到村域旅游、镇域旅游乃至于县域旅游高质量发展。

智慧旅游是大势所趋，乡村旅游经济必须迎头赶上，从软硬件上进行必要的升级。管理部门需要开阔视野，积极地提高管理水平；旅游企业则需要配合管理部门提高建设水平，同时积极地提升服务能力和宣传能力。在智慧旅游背景下，旅游企业必须尊崇诚实守信原则来进行旅游产品介绍、旅游服务以及旅游宣传。另外，还要积极建立公关部门，化解网络负面风险。

第二节 5G 技术在乡村旅游智慧化发展中的应用

纵观现有的智慧旅游项目，宏观上主要是针对著名的旅游目的地，具体建设实施对象大多为行业管理者、星级酒店和 A 级景区。而由于我国乡村基础设施不完善，部署传统的通信网络、各类传感器、信息采集设备的成本较高，因此放眼全国智慧旅游很少有下沉到乡村旅游这个层面上的项目。而随着 5G 通信技术的普及将带来更低的硬件设备部署成本和更高的网络传输带宽，这将为乡村旅游的智慧化建设带来转机。

一、利用 5G 技术构建乡村旅游虚拟现实全景系统

限于成本，大部分乡村旅游推广宣传的主渠道是互联网，主要包括各类旅游资讯网、旅游局的官方微博、微信等。而目前新兴的 360 度实景展示技术可以为旅游景区建立网上实景展示系统，这是一种成本低、展示体验效果好的宣传推广手段，可以将美景通过网络原汁原味地展现在游客面前。以往在景区应用时，虚拟现实全景最大的障碍就是对高带宽、大流量的依赖，一般需要游客提前下载包含全景资源库的 App，或者借助景区中的 Wi-Fi 实现实时浏览，这些限制条件决定了虚拟现实全景很难在乡村旅游景区实施。而随着 5G 通信网络的普及，这些问题都将迎刃而解，虚拟现实全景技术也将在旅游行业迎来重大的发展。这种创新的旅游模式不仅可以为游客带来全新的体验方式，也能为乡村旅游产业注入新的活力和机遇。

虚拟旅游可以为游客提供便捷的旅游选择。传统的旅游方式通常需要游客亲自前往目的地，耗费时间和精力。而通过虚拟现实技术，游客在家中或办公室利用 VR 设备就能够体验到乡村风光的美丽。无须长途跋涉，无须排队等候，游客只需戴上 VR 头盔，便可以立即享受到身临其境的旅游体验。这种便捷的虚拟旅

游方式，尤其适合那些时间有限或无法亲自前往乡村景区的游客，得以为他们提供一种全新的旅游选择。

虚拟旅游可以丰富游客的旅游体验。传统的旅游方式主要依靠观光和游览，游客通常只能欣赏到景点的表面景观，难以深入了解景区的历史、文化和当地的风土人情。而通过虚拟现实技术，游客可以更加深入地了解乡村景区的各个方面。他们可以在虚拟环境中漫步乡间小道，细致入微地欣赏风景，参与乡村生活的各种活动，甚至可以体验农耕、捕鱼、烹饪等真实的乡村生活场景。这种沉浸式的旅游形式不仅可以增加游客的参与感和互动性，也能够丰富他们的旅游体验，使旅游更加有趣和有意义。

虚拟旅游可以提升乡村景区的曝光度和吸引力。通过虚拟现实技术，乡村景区可以将其独特的风光和文化特色展示给全球范围内的潜在游客。游客在虚拟环境中可以自由地探索乡村景区的各个角落，了解其独特的自然风光和人文景观，从而激发游客的兴趣和好奇心。因此，虚拟旅游也可以为乡村景区提供一种新的宣传和推广方式。景区可以通过社交媒体平台、旅游网站等渠道将虚拟旅游推广给更多的潜在游客，吸引他们到景区进行实地旅游，从而提升景区的知名度和吸引力，促进乡村旅游产业的发展。

虚拟旅游还可以为乡村景区带来新的商业机会。随着虚拟旅游市场的不断扩大，越来越多的游客愿意支付费用来体验高质量的虚拟旅游产品。乡村景区可以开发各种类型的虚拟旅游产品，如虚拟旅游套票、虚拟导游服务、虚拟旅游体验活动等，以满足不同游客的需求，从而实现创收，促进当地经济的发展。

二、利用5G技术构建乡村旅游智慧导览

随着移动互联网的不断发展，信息的维度从单点演化到立体，人们接收信息的方式也发生了重大的转变，互联网真正成为人类感官的延伸。大量的业态因为移动互联网的普及而发生深刻的变革，很多以往不能实现的应用，在移动互联网时代，随着移动技术的发展，智能手机的普及都变得有可能了，而智慧导览就是

一个典型的例子，它有助于给游客提供更加优质的服务。智慧导览软件把事先采集的整个景区的图、文、音、像按照景点进行分类，然后将数据信息保存在云端。利用电子地图技术，在第三方地图数据和景区提供的地图信息的基础上，通过对景区的实地考察与勘测，标注景区内所有景点的详细经纬度，可实现游览景区地图的缩放、平移功能，同时实现位置查询、路径引导以及包括文本、音频、视频在内的多媒体景点介绍等。当游客在移动设备端开启"自动导览"模式时，游览过程中会获得 GPS 的实时定位，当游客走近某景点时移动终端会自动从云端获取相应景点的多媒体数据。

因此，基于云技术的智慧导览系统，需要通过 GPS 或北斗卫星定位技术实现游客在景区的精确定位，并借助移动互联网与云端存储技术实现在游客游览过程中进行图、文、音、像并茂的实时展示。以往在乡村旅游景区，尤其是位于山区的旅游目的地很难部署和实现智慧导览系统，而随着 5G 网络的应用，通过移动网络使终端与云端的无缝大流量数据传输成为现实。另外，通过 5G 基站辅助定位，在卫星信号弱的情况下也可以确保导览服务的连续运行。

在这一新型的导览模式下，增强现实技术不仅可以为旅游目的地带来新的发展机遇，也能为游客带来更加便捷、丰富的旅游体验。利用 5G 技术开发出的增强现实导览应用可以为游客带来全新的导览体验。通过手机或 AR 眼镜，游客可以轻松获取更加生动的导览内容，从而丰富游览过程，提升游客的参与度和满意度。

增强现实导览可以为游客提供更加生动、直观的导览内容。传统的导览方式往往以文字、图片、语音等形式呈现，无法真实地展现目标景点的全貌和特色。而通过增强现实技术，增强现实导览可以在真实的景观环境中叠加虚拟的信息和图像，使得导览内容更加直观、生动。游客在参观历史古迹时，可以通过 AR 眼镜看到虚拟重现的古代建筑的原貌、历史人物，更加深入地了解历史文化；在自然风光区，游客可以通过手机或 AR 眼镜观看植物的生长过程、动物的生活习性，增加游览的趣味性和互动性。这种生动、直观的导览内容不仅可以为游客提供更好的游览体验，也能够加深游客对目的地的认知和了解。

增强现实导览可以为游客带来更加个性化、定制化的导览服务。传统的导览服务往往是一种通用化的信息呈现，无法满足不同游客的个性化需求。利用增强现实技术可以实现对导览内容的个性化定制。游客可以根据自己的兴趣爱好、游览时间等因素，选择不同的导览内容和路线，实现个性化的游览体验。历史爱好者可以选择专门针对历史古迹的导览内容，自然爱好者可以选择针对自然景观的导览内容。增强现实导览还可以根据游客的语言偏好、健康状况等因素，提供个性化的导览服务，从而提升游客的参与度和满意度。增强现实导览的个性化定制，可以更好地满足游客的需求，提高旅游目的地的吸引力和竞争力。

增强现实导览可以为游客提供更加便捷、智能化的导览体验。传统的导览方式往往需要游客配备繁重的导览设备或跟随导游行走，导致游览过程的不便。而借助增强现实导览，游客可以通过手机或 AR 眼镜随时随地获取导览信息，自由选择游览路线和时间，实现游览的自主化和个性化。增强现实导览还具备语音导航、实景导航等功能，导览的智能化水平较高。游客可以通过语音指令获取导览信息，无须手持设备，便捷又舒适。增强现实导览的智能化功能，不仅可以丰富游客的游览体验，还能够降低导览服务的成本和管理难度，促进旅游业的发展。

三、利用 5G 技术构建乡村旅游智慧平台

尽管当前乡村智慧旅游业的发展速度越来越快，很多旅游开发企业都会通过相应的电子商务平台对具有特色的乡村旅游产品进行大范围宣传。但是携程旅游、去哪儿网等旅游电子商务平台的覆盖范围并未达到全面覆盖。携程旅游、去哪儿网等在线旅行社（Online Travel Agency, OTA）的地推业务最多下沉到县级市，除了比较著名的乡村旅游目的地外，多数乡村旅游目的地无法被 OTA 的服务所覆盖，甚至有的偏僻村落还不具备商业推广的条件。因此，为了改善现状，真正推动乡村生态旅游的智慧化建设，就要以 5G 通信网络技术为依托，构建一个全面汇集众多分散的乡村旅游信息的平台，并将各乡村目的地的相关信息进行串联，进而形成便捷、完整的出行线路。与此同时，还要融合虚拟现实全景系统将各乡村旅游景点的概况进行汇总，并引入百度地图信息，进而使之形成可以灵活移动的导览。此外，为了更好地提高服务质量，增加游客量，还要运用乡村旅游智慧平台

通过游客的社交网络（Social Network Site, SNS）交互信息，对其住宿、交通、餐饮情况进行实时的获取与汇总，以便让游客根据自身的需求随时在平台中进行选择和浏览，让其充分感受人性化、智慧化的乡村生态旅游服务。总之，汇聚的信息越多，平台越智能，最终构建形成乡村旅游的智慧平台。而这一切离不开5G网络基础设施建设，将来随着5G网络的普及，低廉的资费惠及游客，使其能够实时分享自己的出行信息。这样平台就能对大量信息进行分析，为游客提供出行信息和辅助决策等一系列服务。

乡村旅游智慧平台可以为游客提供更加个性化的旅游体验。传统的旅游服务往往面临着信息不对称和服务标准化的问题，难以满足不同游客的个性化需求。通过乡村旅游智慧平台，游客可以根据自己的喜好和需求，自由选择旅游目的地、行程路线、住宿餐饮等服务。通过算法推荐和个性化定制，游客可以获得更符合自己兴趣和偏好的旅游体验，从而提升旅游的满意度和体验感。

乡村旅游智慧平台可以提高旅游行程的规划和管理效率。在过去，游客需要通过多个渠道获取旅游信息、预订服务，旅游规划过程烦琐耗时。借助5G网络，乡村旅游智慧平台可以实现信息的集成和统一管理，游客可以通过手机应用一站式完成旅游行程的规划和预订。通过实时更新的信息和智能算法的支持，游客可以快速获取到最新的旅游资讯、优惠信息，并进行智能化的行程规划和预订管理，从而大大节省时间和精力成本。

乡村旅游智慧平台可以拓展旅游服务的覆盖范围和渠道。传统的旅游服务通常依赖于实体门店或在线旅游平台，受地理位置和时间限制。有了乡村旅游智慧平台，游客可以通过手机应用随时随地进行旅游预订和导航，实现线上线下的无缝连接。无论是在家里、办公室还是在旅途中，游客都可以通过智能手机获取到所需的旅游信息和服务，享受到便捷、高效的旅游服务。乡村旅游智慧平台还可以整合各类旅游资源和服务商，为游客提供多样的选择，促进旅游产业的发展和升级。

乡村旅游智慧平台还可以提升旅游服务的品质和安全性。通过实时监测和反馈系统，平台可以及时发现并解决旅游服务中的问题和隐患，确保游客的旅游安全和权益。通过智能化的推荐和筛选，平台可以过滤掉低质量的旅游产品和服务，提供给游客更加可靠和优质的选择。这种不断提升服务品质和安全性的智能化管理方式，不仅可以提升游客的信任度和满意度，也能提升旅游目的地和服务商的整体形象，提高竞争力。

　　乡村旅游的智慧化将为游客带来全新的游览体验和更加个性化的服务，同时提高旅游景区的影响力，降低宣传与运营成本，这一切都离不开 5G 技术的发展与应用，随着基于 5G 技术的高度发达的万物互联体系的形成，乡村旅游的智慧化进程也必将迈入一个新的阶段。

四、利用 5G 技术提升乡村旅游整体营销水平

　　为了进一步推进乡村生态旅游业的发展，使其在短期内实现智慧化目标，旅游企业要以 5G 通信网络技术为基础，利用"互联网+"、大数据以及云平台等，对游客的年龄、兴趣爱好、消费习惯等情况进行精确画像，进而针对性地为其提供乡村旅游产品，从而获得一定的经济效益。在实际运行过程中，一方面要利用 5G 通信网络技术来对旅游产业内部的多源数据进行集中整合，并在此基础上建立全面标签类目体系，形成全维度的用户画像。与此同时，还要加强与当地旅游局、公安局、运营商等部门的紧密合作，从而将所收集的游客 ID 数据和第三方数据源进行打通画像，并汇总成游客全维度特征明细表，对需要分析的对象和分析方式，配置可视化系统界面输出功能，这样就可准确分析游客画像，为其提供针对性的乡村旅游产品。另一方面，要利用互联网、物联网技术构建一个健全完善的电子商务平台，进而通过该平台对自身特色旅游产品信息进行不定时的推送和更新。与此同时，还要加强短视频、微信、微博、旅游 App 推送等营销方式的开发与应用，这样才能实现对乡村旅游产品的精准营销。

五、利用 5G 技术实现乡村旅游业创新发展

（一）乡村文化体验项目

在当今旅游市场竞争激烈的背景下，文化创意成为吸引游客、提升旅游体验的重要手段。结合 5G 技术，乡村景区可以打造多媒体展示、文艺表演等文化创意项目，为游客提供更加丰富多样的乡村文化体验。这种创新的方式不仅可以让游客更深入地了解乡村文化，还能够激发游客的文化兴趣和参与度，推动乡村旅游的发展。

乡村文化体验项目可以通过多媒体展示的形式呈现乡村的历史、传统文化和风土人情。借助 5G 技术提供的高速网络连接，乡村景区可以建设多媒体展示馆或数字博物馆，利用影像、声音、互动等多种形式，将乡村的历史沿革、民俗风情、地域特色等内容生动地呈现给游客；可以通过虚拟现实技术将游客带入过去的乡村生活场景，让他们身临其境地感受乡村的古老传统和文化魅力；可以通过多媒体展示介绍乡村的特色手工艺品、民间艺术等，引导游客了解和体验乡村的非物质文化遗产。这种多媒体展示项目不仅能够吸引游客的注意，还能够增加游客对乡村文化的认知和兴趣，延伸旅游体验的深度和广度。

乡村文化体验项目可以通过文艺表演的形式展示乡村的文化底蕴和艺术魅力。借助 5G 技术的高速率和低时延特点，乡村景区可以打造丰富多彩的文艺表演，如传统舞蹈、戏曲、民歌等，吸引游客参与观赏；可以结合现代科技手段，如投影技术、虚拟现实等，为文艺表演增添更多的创意元素和视觉效果，提升表演的艺术水平和观赏性；可以在乡村景区打造露天剧场或文化广场，定期举办文化艺术节、主题演出等活动，为游客带来精彩纷呈的文化盛宴。这种文艺表演项目不仅能够吸引游客的眼球，还能够让他们身临其境地感受乡村的文化氛围和艺术魅力，增强游客的参与感和体验感。

乡村文化体验项目还可以通过互动体验的形式让游客参与其中，提升游客的参与度和满意度。借助 5G 技术提供的高速网络连接，乡村景区可以打造各种互动体验项目，如传统手工艺制作、民俗游戏体验、农耕体验等，让游客亲身参与

其中，感受乡村文化的魅力和乐趣；可以设置传统手工艺品制作坊，让游客学习和体验制作竹编、陶艺等乡村传统手工艺品，感受手工艺品的独特魅力和文化内涵；可以组织民俗游戏比赛，让游客感受乡村传统游戏的乐趣。这种互动体验项目不仅能够提升游客的参与度和满意度，还能够促进游客与当地居民的互动和交流，拉近游客与乡村文化的距离，增加游客对乡村的归属感和认同感。

（二）农业观光创新

可持续发展是当今旅游业发展的重要方向，而农业观光创新作为旅游可持续发展的一部分，正逐渐成为各地旅游业的热门话题。结合 5G 技术，打造农业观光新体验，不仅可以为游客提供全新的旅游体验，也能够促进农业与旅游的深度融合，推动乡村产业升级。

农业观光创新可以利用 5G 技术为游客提供更加丰富多彩的农庄体验。传统的农业观光活动往往局限于简单的农场参观和农产品购买，体验内容单一，吸引力有限。结合 5G 技术，农业观光可以提供更加多样化的旅游体验。游客可以通过虚拟现实技术，身临其境地感受农业生产的全过程，从播种、施肥到收割、加工，感受农民的辛勤劳动，了解农作物的成长过程。游客还可以通过互动体验项目，如农业科普讲座、手工制作体验等，深入了解农业知识和技艺，增加旅游的趣味性和参与性。这种全新的农庄体验可以吸引更多的游客参与，提高农业观光的吸引力和竞争力。

农业观光创新可以推动农业与旅游的深度融合。传统上，农业和旅游两个产业往往相对独立，缺乏有效的合作与互动。随着农业观光的兴起，农业和旅游产业之间的联系日益加强。农民可以通过开展农业观光活动，将自家农庄变成旅游景点，吸引游客前来参观和体验，实现农业资源的多元化利用。旅游企业也可以通过与农庄合作，开展定制化旅游产品，结合农业观光和乡村体验，满足游客不同的需求和偏好，促进旅游业的发展和繁荣。这种农业与旅游的深度融合不仅可以拓展农业和旅游产业的发展空间，也能为乡村经济的转型升级提供新的思路和途径。

农业观光创新也可以为乡村产业升级提供新的动力。传统的农业生产模式往往面临着单一产业、低附加值等问题，难以满足乡村经济的发展需求。通过农业观光创新，农民可以将自家农庄打造成为集观光、休闲、体验、购物等功能于一体的综合性农业旅游目的地，实现农业产业的多元化发展。通过农庄门票、农产品销售、特色餐饮等多种经营方式，农民可以增加收入来源，提高经济效益。农业观光活动也有助于吸引更多的游客前来游览，从而带动周边商业和服务业的发展，促进当地就业和经济的繁荣。因此，农业观光创新可以为乡村产业升级注入新的活力，为乡村经济的发展打开新的空间。

农业观光创新也可以促进乡村文化的传承和发展。乡村是中国优秀传统文化的重要载体，而农业观光活动正是一种保护和传承乡村文化的有效途径。通过农业观光，游客可以走进乡村，亲身体验当地的传统文化和风土人情，了解乡村的历史沿革、民俗风情、手工艺技艺等，增加其对乡村文化的认同感和归属感。农业观光活动也可以为当地文化传统的传承和发展提供新的舞台和平台。农民可以通过开展传统文化展示、非遗传承、手工艺体验等活动，向游客展示当地独特的文化魅力，促进乡村文化的传承和发展。

第四章 5G 技术促进乡村教育与文化发展

第一节 5G 技术在乡村教育资源共享中的作用

一、远程教育

（一）师资力量共享

1.远程授课

远程授课是一种利用网络实现的创新教育模式，它为乡村地区的学校和学生提供了高质量的教学资源和服务。在过去，乡村地区的学校由于教育资源匮乏、师资力量不足等问题，往往难以给学生提供优质的教育服务，与城市地区的学校存在明显差距。随着 5G 网络的普及和应用，远程授课成为一种新的教育模式，为乡村地区的教育改革带来新的机遇。

5G 网络可以将优质的教育资源远程传输到乡村地区，实现教学资源的共享和互通。在过去，由于交通不便和信息传输限制，乡村地区的学校往往难以获得优质的教育资源，限制了当地学生的学习和成长。随着 5G 网络的普及，各地区的名校名师可以通过远程授课的方式，将优质的教学内容传输到乡村地区。

远程授课利用 5G 网络可以实现师生之间的实时互动和交流。在过去，由于技术限制，远程教育往往难以实现师生之间的实时互动，学生在学习时容易产生困惑。随着 5G 网络的普及，远程授课可以实现高清、流畅的视频传输，师生之间可以实时进行互动和交流。师生之间的距离被打破，教学效果得到显著提升。

远程授课利用 5G 网络可以实现教学资源的高效利用和共享。在过去，城市地区的教育资源相对丰富，而乡村地区的教育资源相对匮乏，导致了教育资源分布不均。随着 5G 网络的普及，远程授课可以实现教育资源的共享和互通，城乡教育资源可以得到有效整合和利用，从而提高教育资源的利用效率，促进教育公平。

远程授课利用 5G 网络可以拓展学生的学习空间和学习渠道。在过去，由于地理位置和教育资源的限制，乡村地区的学生往往难以获得多样化的学习资源和学习渠道。随着 5G 网络的普及，远程授课可以为学生打开新的学习空间和学习渠道，他们不再受限于地域和时间，可以通过网络学习到更多的知识和技能，提高学习的自主性和灵活性。

远程授课利用 5G 网络可以促进教育教学模式的创新和优化。在过去，传统的面对面授课模式难以满足不同学生的个性化学习需求，教学效果受到了限制。随着 5G 网络的普及，远程授课可以为教育教学模式的创新提供新的契机，通过多种形式的教学方式和手段，满足学生个性化、差异化的学习需求，提高教学的针对性和有效性。

2.名师授课

名师授课可以为乡村地区的学生带来前所未有的教育机会和学习资源。随着 5G 技术的普及，名师可以借助高速稳定的网络连接，实现与乡村地区学生的即时互动和远程授课。这一举措不仅可以打破地域限制，让乡村地区的学生也能够享受到优质教育资源，同时也能够为他们提供更广阔的学习平台和发展空间。

名师授课可以为乡村地区的学生提供高质量的教育资源。在过去，乡村地区的教育资源相对匮乏，导致乡村地区的学生与优质教育资源的接触有限。通过 5G 网络远程授课，名师可以轻松地将他们的教学经验和专业知识传授给乡村地区的学生，为他们提供更加系统、深入的学习内容和方法。这不仅有助于解决乡村教师数量不足和教学水平相对较低的问题，还能够激发学生学习的兴趣和动力，提高他们的学习成绩。

名师授课可以为乡村地区的学生拓展学习的广度和深度。由于乡村地区的师资力量有限，学校往往只能开设基础课程，难以满足学生的个性化学习需求和专业知识的深度学习。通过远程授课，名师可以为乡村地区的学生提供更丰富、多样的学科内容和课程选择，开设一些专业课程或者专业领域的讲座，满足学生的不同学习需求。比如，一些学生可能对某些特殊领域或者前沿科技感兴趣，通过远程授课，他们可以接触到更多相关领域的知识，开阔自己的视野，为未来的学习和职业规划奠定基础。

进一步而言，名师授课可以为乡村地区的学生提供更加灵活、自主的学习方式。传统的课堂教学往往以教师为中心，学生被动接受知识，缺乏互动和参与的机会。通过远程授课，学生可以在家中或者学校自习室利用电脑或者手机随时随地观看名师的授课视频，进行在线互动，自主安排学习时间和进度。这种灵活的学习方式不仅有利于培养学生的自主学习能力和信息获取能力，还能够提高学生的学习效率和成绩，为他们的未来发展打下坚实的基础。

名师授课也面临着一些挑战和问题。第一，技术设备和网络环境的限制。一些乡村地区的基础设施建设滞后，网络速度和稳定性可能无法满足远程授课的需求，导致教学质量受到影响。第二，教师和学生之间的互动和沟通问题。远程授课往往缺乏面对面的交流和互动，教师难以及时了解学生的学习情况和困惑，学生也可能缺乏参与课堂的积极性和主动性。因此，乡村地区需要进一步加强对技术设备和网络环境的改善，加强课堂管理和学习评估，保障远程授课的质量和效果。

3.远程辅导与答疑

远程辅导与答疑服务是利用网络为乡村地区的学生提供学习支持的重要方式。教育专家和志愿者通过这一方式可以远程解答学生学习中的问题，提供针对性的辅导和指导，从而帮助他们提高学习效率，缩小城乡教育差距。

远程辅导和答疑服务可以拓展乡村地区学生的学习资源和渠道。在过去，由于地理位置偏远、教育资源匮乏，乡村地区的学生往往面临着学习资源不足的问题。而通过5G网络，教育专家和志愿者可以远程接入乡村学校的教学系统，为学生提供丰富的学习资料和指导。学生可以通过视频、语音等方式与专家进行交流，及时解决学习中的疑难问题，拓宽学习渠道，提高学习效率。

远程辅导和答疑服务可以为学生提供个性化的学习支持。每个学生的学习水平和学习需求都有所不同，传统的集体教学往往难以满足个性化的学习需求。而通过远程辅导和答疑服务，教育专家和志愿者可以针对学生的具体情况提供个性化的辅导和指导，帮助他们解决学习中的困惑和难题，提升学习效果。这种一对一的学习支持方式，更能够关注到学生的个体差异，发掘每个学生的潜力。

远程辅导和答疑服务可以促进教育资源的共享和优化利用。教育专家和志愿者可以通过远程方式打破地域限制，为不同地区乡村学校的学生提供学习支持，实现教育资源的共享和优化利用。这不仅能够充分发挥教育专家和志愿者的专业优势，还能够让更多的乡村学生受益于高质量的教育资源，促进教育公平和均衡发展。

远程辅导和答疑服务还可以为教育专家和志愿者提供更广阔的教育实践平台。通过远程辅导和答疑服务，教育专家和志愿者可以积累丰富的教学经验，提升教学水平和专业能力。他们还可以通过与乡村学校的合作，了解乡村教育的特殊需求和挑战，推动教育改革和发展，促进乡村教育的持续进步。充分发挥远程辅导与答疑服务的作用，需要进一步加强相关技术的研发和应用，提升网络覆盖和通信质量，完善教育资源共享机制，培养更多的教育专家和志愿者，为乡村地区的学生提供更加优质的教育服务，推动乡村教育的全面发展。

（二）课程资源共享

课程资源共享是一种创新的教育模式，其核心理念是通过共享网络平台，将各地的优质教学资源进行整合和分享，让更多的学生受益。在这一模式中，网络直播技术发挥着至关重要的作用。借助 5G 网络进行课堂直播，优质的教学资源可以实时传送到乡村地区的学生手中，从而实现城乡教育资源的均衡共享，促进教育公平。

课程资源共享通过网络直播可以实现跨地域的教学资源整合和共享。在过去，由于地理位置的限制，乡村地区的教育资源相对匮乏，学生往往无法享受到优质的教学资源。而现在，借助 5G 网络直播技术，名校名师可以通过网络平台进行实时直播，将优质精彩的教学内容传送到乡村学校，使得乡村地区的学生也能够接触到优质的教学资源，从而拓宽他们的学习视野，提高他们的学习兴趣。

课程资源共享可以为教育教学带来更大的灵活性和多样性。传统的教学模式往往受到时间和空间的限制，学生只能在固定的时间和地点接受教育。而通过网络直播，学生可以在任何时间、任何地点通过手机、平板电脑等设备接收教学内容，实现教学资源的随时随地共享。这种灵活多样的教学模式不仅有利于学生的自主学习和个性化发展，也能为教师提供更多创新教学的机会，促进教育教学的进步和发展。

课程资源共享还可以为促进教育公平提供新的途径。通过网络直播技术，城市地区的优质教学资源可以实时共享给乡村地区的学生，弥补城乡教育资源的差距，促进教育公平和社会公正。这不仅有利于提高乡村地区学生的学习成绩和素质，也有助于缩小城乡教育差距，促进教育资源的均衡配置和社会的可持续发展。

课程资源共享还有利于促进教育教学的创新和改革。传统的教育模式往往受制于教育资源的匮乏和教学手段的单一，难以满足学生个性化发展和社会发展的需求。网络直播技术可以突破时间和空间的限制，吸引更多优秀的教育资源和教学理念进入教育领域，推动教育教学的创新和改革。这有利于提高教育质量和教学效果，培养更多具有创新精神和实践能力的人才，促进教育事业的可持续发展。

二、数字化教育资源

（一）在线教学平台

在线教学在 5G 网络的支持下正成为教育领域的一大趋势。在线教学平台借助 5G 网络的高速率和低时延等特点，得以提供更加丰富多样的教育资源，为乡村地区的学生带来更灵活、便捷的学习方式。这不仅有助于解决乡村地区教育资源相对匮乏的问题，还有望促进教育公平，提升教育水平，助力乡村振兴。

在线教学平台的丰富性可以为乡村地区的学生提供更广阔的学习空间。由于地域条件和经济发展的不平衡，乡村地区的教育资源相对匮乏，学校无法提供丰富多样的学科内容和教学方式。而在线教学平台则可以通过互联网获取全球范围内的优质教育资源，包括视频课程、电子书籍、在线练习等。这些资源不受地域限制，无论是在城市还是在乡村，学生都可以随时随地通过网络进行学习。而 5G 网络的高速传输可以确保这些教育资源以更快的速度传输到学生手中，使其得以及时获取最新的学习内容。

在线教学平台的灵活性可以为乡村地区的学生提供个性化的学习体验。传统的课堂教学往往采用"一刀切"的方式，无法满足每个学生的学习需求和学习节奏。而在线教学平台可以根据学生的学习情况和兴趣特点，为其量身定制学习计划和内容。比如，学生可以根据自己的时间安排和学习进度，自主选择适合自己的课程和学习资源；平台还可以根据学生的学习表现进行智能推荐，为其提供个性化的学习建议和辅导。这种个性化的学习模式可以更好地激发学生的学习兴趣和学习动力。

在线教学平台还可以为乡村地区的学生提供更丰富的教学内容和学习资源。乡村学校由于师资力量有限、教材资源不足等，往往无法提供多样化的教学内容，难以激发学生的学科兴趣和满足学生的学习需求。而在线教学平台可以汇集全球范围内的优质教育资源，涵盖各个学科和领域，包括语言、数学、科学、艺术等。学生可以通过在线平台学习到更多、更广泛的知识，开阔视野，拓展思维，提高综合素养。5G 网络可以确保学生流畅地访问和使用这些教育资源。

在线教学平台的应用有助于促进乡村教育的发展和提升。乡村教育一直是我国教育事业中的短板和难点，如何改善乡村学校的教育条件和提高教育质量成为各级政府和教育部门亟待解决的问题。在线教学平台通过引入互联网教育资源，可以为乡村地区的学生提供全新的学习方式和学习机会，有望解决乡村教育资源不足的问题，促进教育公平。在线教学平台的应用也有助于提升乡村教师的教学水平和教育观念，推动教育教学改革，促进乡村教育的全面发展。

（二）虚拟实验室

虚拟实验室的兴起标志着教育领域迎来了一场技术革命。基于 5G 网络的虚拟实验室可以为乡村地区的学生提供一个全新的学习平台，使他们得以通过网络进行实验操作，从而提高实践性教学的效果。这一技术的应用不仅可以为乡村地区的学生提供更广阔的学习空间，还能够弥补乡村学校实验设施不足的问题，促进乡村教育资源的均衡发展。

随着 5G 网络的普及，虚拟实验室成为教育领域的一项重要创新。传统的实验教学往往受制于地理位置和设施条件，乡村地区的学生往往无法享受到优质的实验资源和设备。而基于 5G 网络的虚拟实验室可以打破时空限制，使学生通过网络随时随地进行实验操作。通过虚拟现实技术，学生可以身临其境地参与到实验过程中，观察实验现象、调整实验参数，增强实践性教学的体验感，提高教学效果。

虚拟实验室的应用还能够促进教育资源的均衡配置。乡村学校往往面临着实验设备和教师配备不足的问题，导致实验教学质量参差不齐。通过虚拟实验室，乡村地区的学生可以借助网络平台，接触到高质量的实验资源和专业的实验教学团队。虚拟实验室还可以与高校和科研机构合作，共享实验设备和教学资源，打破地域限制，促进教育资源的共享和整合。

虚拟实验室的应用还能够促进教育教学模式的创新和变革。传统的实验教学往往以教师为中心，学生主动参与的机会有限。而虚拟实验室可以打破时间和空间的限制，使学生得以独立进行实验操作，培养其自主学习和解决问题的能力。虚拟实验室还可以通过数据分析和评估系统，实时监测学生的学习过程和表现，为教师提供个性化的教学建议，促进教学的差异化和个性化发展。

虚拟实验室的应用也面临着一些挑战和障碍。虚拟实验技术的研发和应用需要投入大量的人力、物力和财力，对乡村学校的技术设备和师资水平提出了更高的要求。虚拟实验平台的安全性和稳定性也是一个重要问题，学校需要建立健全的网络安全体系和应急预案，保障学生的学习环境和数据安全。虚拟实验教学模式的推广和应用还需要克服一些传统观念和管理制度上的障碍，提升学校和教师的接受度和适应能力。

（三）数字图书馆

随着 5G 网络的普及和发展，乡村学校得以接入数字图书馆。数字图书馆可以为学生提供丰富的电子书籍和学习资料，能极大地丰富乡村地区学生的学习资源，提高乡村地区学生的学习效率。

数字图书馆可以为乡村学校带来大量的学习资源。传统的乡村学校由于地理位置偏远、条件有限，往往无法获得丰富多样的图书资源，限制了学生的学习深度和广度。而通过 5G 网络接入数字图书馆，乡村学校可以轻松获取来自全国各地的电子书籍和学习资料，包括教科书、课外读物、学术期刊等，从而满足学生不同学科的学习需求，拓展其学习领域，提高教育质量。

数字图书馆可以为学生提供更便捷的学习途径和方式。传统的纸质图书需要时间和精力去寻找、借阅，而数字图书馆则可以通过互联网随时随地进行访问和借阅，从而节省学生的时间和精力，提高其学习的效率。学生可以根据自己的学习进度和兴趣爱好自由选择阅读材料，并通过电子书的搜索功能快速定位所需内容，实现个性化学习，提高学习的主动性和积极性。

数字图书馆可以为乡村学校的教学提供更多样化的支持和资源。除了传统的文字图书外，数字图书馆还可以提供多媒体资源，如音频、视频、动画等，丰富学生的学习体验，增强教学的趣味性和互动性。教师可以根据课程内容和学生需求，灵活运用数字图书馆中的多媒体资源，设计丰富多彩的教学活动，激发学生的学习兴趣和潜力，提高教学效果。

数字图书馆还可以为乡村学校的师生提供更广阔的学术交流平台。通过数字图书馆，学生可以了解到国内外最新的学术成果和研究动态，参与学术讨论和交流，拓宽视野和知识面；教师可以及时获取前沿信息和教学资源，提升教学水平和专业能力。数字图书馆的开放性和共享性，可以为乡村地区的学校师生提供与全球学术界接触的机会，促进学校教育的国际化发展。

（四）多媒体课堂

随着信息技术的不断发展，多媒体课堂已经成为教育教学改革的重要方向。

传统的课堂教学往往以教师为主导，学生被动接受知识，教学内容单一，难以激发学生的学习兴趣和主动性。而借助 5G 网络的高速率和低时延特点，教师可以在课堂上实时使用多媒体资源，如教学视频、动画、实验演示等，为学生呈现更加生动、直观的学习内容，促使教学方式更加多样灵活。

多媒体课堂的应用不仅可以提升学生的学习效果，还能够改善学习体验。学生通过多媒体资源可以更加直观地理解抽象概念，加深对知识的理解和记忆。教学视频可以帮助学生观看真实的实验过程和现象变化，帮助他们理解抽象概念，培养科学思维和实践能力。多媒体资源的丰富性和互动性也能够激发学生的学习兴趣，提高其学习积极性，促进学生的自主学习和合作学习。

多媒体课堂的应用还能够促进教育公平和资源均衡。传统的课堂教学受制于教师水平和教学设备等因素，存在教学质量参差不齐的问题，尤其是在乡村地区和基础教育阶段。而借助 5G 网络的多媒体课堂，教师可以共享高质量的教学资源，这不仅可以打破地域限制，还能够促进教育资源的均衡配置。多媒体资源的开放性和普及性也可以为学生提供更加公平的学习机会，促进教育公平和社会公正的实现。

多媒体课堂的应用也面临着一些挑战和问题。多媒体资源的制作和应用需要投入大量的人力、物力和财力，对教师的技术能力和教学设计水平提出了更高的要求。多媒体资源的质量和有效性也是一个重要问题，需要教师和教育机构不断完善资源库，提升资源的质量和适用性。多媒体课堂的应用还需要克服一些技术、管理和安全等方面的障碍，加强网络环境建设和教育管理，确保教学过程的顺利进行和学生的安全学习。

第二节　5G 技术推动乡村教师的专业发展

一、专业技能提升

（一）在线学习资源

5G 技术的支持使得乡村教师可以通过在线学习平台获取高质量的教育资源。在过去，由于网络速度慢和带宽限制，乡村教师往往难以顺利地访问和下载教育资源，这限制了他们的教学创新和教学效果提升。随着 5G 技术的普及，高清视频和互动课堂的实时传输成为可能，乡村教师可以更加便利地获取各种教育资源，包括教学软件、教学应用、教学视频等，这些教育资源可以为他们的教学实践提供更多的可能性和支持。

在线学习资源的丰富性可以为乡村教师的教学内容更新提供更多的选择和灵感。在过去，乡村教师由于信息获取渠道受限，往往难以及时了解最新的教育理念、教学方法和课程内容，导致教学内容滞后和单一化。随着 5G 技术的发展，乡村教师可以通过在线学习平台获取各种课程信息和资源，包括最新的教材、教学大纲、课件资料等，帮助他们及时更新教学内容，保持教学的新颖性和前沿性。

5G 技术的应用使得乡村教师可以通过在线学习平台参与到更多的专业培训和学术交流活动中。在过去，由于交通不便和信息传输限制，乡村教师往往难以参加在城市举办的专业培训和学术交流活动，难以与同行进行深入的学术交流和合作。随着 5G 技术的普及，乡村教师可以通过高清视频和互动课堂的实时传输，参与各种线上培训和学术交流活动，与来自全国各地的同行进行交流和互动，获取更多的专业知识和经验，提升自身的教学水平和专业素养。

在线学习资源的丰富性和可及性可以为乡村教师提供更多的个性化学习和自主学习的机会。在过去，乡村教师往往受制于教育资源和教学条件，难以实现个性化学习和自主学习。随着 5G 技术的应用，乡村教师可以通过在线学习平台根据自身的学习兴趣和需求选择适合自己的学习资源和学习方式，实现个性化学习和自主学习，提高自身的教学能力和水平。

（二）个性化学习路径

个性化学习路径是指基于学生的个体差异和学习需求，通过定制化的学习计划和资源推荐，帮助学生实现个性化学习目标。而基于 5G 技术的智能化教学系统不仅可以为学生提供个性化学习路径，也可以帮助教师提升专业水平和教学质量。这一系统可以根据教师的学习需求和兴趣，为他们量身定制适合的学习路径并推荐课程，从而更好地满足他们的教学需求和职业发展。

个性化学习路径可以为教师提供更具针对性的专业培训和学习支持。传统的教师培训往往采取统一的培训内容和方式，难以满足教师个体的专业发展需要。利用基于 5G 技术的智能化教学系统，教师可以根据自己的学习需求和兴趣，选择适合自己的培训课程和学习资源，从而实现个性化的专业成长。比如，一些教师可能对课堂教学技巧有需求，选择参加相关的培训课程；而另一些教师可能更关注学科知识的更新和教学方法的创新，选择参加相关的学术讲座或者研讨会。这种个性化的学习路径不仅有利于提高教师的专业水平和教学质量，也能够提高他们的学习积极性，促进教师队伍的全面发展。

个性化学习路径可以为教师提供更加灵活、便捷的学习方式。传统的教师培训往往需要教师到指定的培训机构或者学校参加培训课程，时间和地点比较固定，不够灵活。利用基于 5G 技术的智能化教学系统，教师可以随时随地在网络平台参加在线培训课程和学习活动，不受时间和地点的限制。教师不仅可以利用碎片化时间进行学习，提高学习效率，也能够充分利用网络资源，获取更丰富、更优质的学习资源，为教学实践提供更有力的支持和保障。

进一步而言，个性化学习路径可以为教师提供更加多样、丰富的学习内容和资源。传统的教师培训往往受到教育资源和专业方向的限制，难以满足教师不同层次的学习需求。利用基于 5G 技术的智能化教学系统，教师可以获取更多元化的学习内容和资源，包括在线课程、教学视频、学术论文等，覆盖各个学科领域。教师可以根据自己的教学需求和兴趣选择适合的学习内容，不断拓展自己的知识面和教学技能，提升教学质量和效果。这种多样化的学习资源也能够激发教师的创新意识和教学思维，促进教学改革和教育发展。

个性化学习路径也面临一些挑战和问题。第一，学习资源的质量和有效性问题。虽然网络上有大量的学习资源可供选择，但其中也存在质量参差不齐、真假难辨的情况，教师需要具备辨别能力，选择适合自己的学习资源。第二，个性化学习路径的设计和实施问题。要设计个性化学习路径，建立完善的学习评估和跟踪机制很有必要。学习评估和跟踪机制可以及时收集、分析教师的学习需求和反馈意见，为他们提供更加精准、有效的学习支持和指导。因此，基于5G技术的智能化教学系统需要加强对个性化学习路径的研究，不断探索和完善相应的教学模式和技术手段，为教师提供更加优质、便捷的学习体验和支持服务。

二、远程培训与教育

远程培训与教育是一种创新的教育模式，其核心理念是通过信息技术手段实现教育资源的跨时空传递和共享。在这一模式中，远程指导与交流扮演着至关重要的角色。教育专家和资深教师可以借助高清视频会议等技术手段，与乡村教师进行远程交流，分享教学经验，解决教学难题，从而提高乡村教育的质量和水平。

远程培训与教育可以通过远程指导与交流实现教育资源的优化配置和共享。在过去，由于城乡教育资源的不均衡分布，乡村教师往往面临着教学资源匮乏和教学经验欠缺的困境。而现在，借助高清视频会议等技术手段，教育专家和资深教师可以与乡村教师进行实时的远程交流，分享优质教学资源和教学经验，帮助他们提高教学水平和教学质量。这种教育资源的跨地域传递和共享，有利于提高乡村教育的整体质量和水平，促进教育公平和社会发展。

远程培训与教育可以为乡村教师提供更加便捷、高效的教学支持和帮助。传统的教师培训往往需要教师长时间远行参加培训班或者请教育专家来学校进行指导，耗费的时间和人力成本较高。而通过远程视频会议等技术手段，教育专家和资深教师可以直接在线上与乡村教师进行交流，无须受时间和空间的限制，从而实现教学资源的实时共享和教学支持的即时响应。这种便捷、高效的教学支持方式，有利于提高乡村教师的专业能力和教学水平，促进乡村教育的全面发展。

　　远程培训与教育还可以促进乡村教育教学的创新和改革。通过高清视频会议等技术手段，教育专家和资深教师可以与乡村教师进行深入的学术交流和探讨，共同解决教学中的难点和问题，探索适合乡村教育发展的教学方法和模式。这种教育教学的创新和改革不仅有利于提高教师的教学质量和教育水平，也有助于培养学生的创新精神和实践能力，推动教育事业的不断发展和进步。

　　远程培训与教育还可以促进城乡教育资源的共享和互通。通过高清视频会议等技术手段，城市的教育资源可以直接传送到乡村学校，为乡村教育带来新的发展机遇和可能。城市教育专家和乡村教师可以通过远程交流与指导，共同探讨教育教学的问题和挑战，共享教育资源和教学经验，实现城乡教育的优势互补，促进教育事业的全面发展和进步。

第三节　5G 技术促进乡村文化发展

一、5G 技术促进乡村文化传承发展

（一）数字化传统文化

1.数字档案建设

　　5G 技术的广泛应用为乡村文化资源的数字档案建设带来了前所未有的机遇。在过去，乡村地区的文化资源往往因为交通不便、信息传递相对滞后等问题而难以得到有效保存和传承，导致许多珍贵的文化遗产面临着被遗忘和消失的危险。随着 5G 技术的引入，高速数据传输和云存储等技术的结合使得数字档案建设成为可能，乡村文化资源的数字化保存与传承迎来了新的发展机遇。

　　利用 5G 技术进行高速数据传输和云存储，可以更快速地实现乡村文化资源

的数字档案建设。在过去，由于网络速度慢和数据传输效率低，乡村地区的文化资源数字化工作进展缓慢，甚至难以顺利进行。随着5G技术的广泛应用，高速的数据传输能力使得大量的文化资料可以迅速上传至云端存储，从而实现文化资源的数字化、档案化，为其长期保存和传承打下了坚实的基础。

5G技术的应用可以为乡村文化资源的数字档案建设提供更为丰富多样的形式。在过去，文化资源的数字档案往往局限于文字资料的扫描和存储，而图片、音频、视频等多种形式的文化资料往往无法有效保存和传承。随着5G技术的发展，高速数据传输和云存储技术的应用使得多种形式的文化资料都可以得到有效的数字化保存，包括图片、音频、视频等，这使得乡村文化资源的数字档案更加全面和丰富。

5G技术的普及可以为乡村文化资源的数字档案建设提供更为便捷的途径。在过去，乡村地区的文化资源分布广泛且地理环境复杂，往往需要大量的人力、物力进行实地采集和整理，工作量巨大且效率低下。随着5G技术的应用，人们可以利用无人机、高清摄像等技术进行远程拍摄和数据采集，这使得文化资源的数字档案建设工作更加便捷化和高效化，大大节省人力、物力成本。

5G技术的普及可以为乡村文化资源的数字档案建设带来更广泛的参与和合作机会。在过去，乡村地区的文化资源数字档案建设往往由于技术和资金的限制，很难得到外界的支持。5G技术的应用可以实现远程协作和数据共享，从而吸引更多的专家学者、文化机构和社会组织参与乡村文化资源的数字档案建设，形成合力，共同推动乡村文化资源的数字化保存和传承工作。

5G技术使得乡村文化资源可以更快速、更全面地进行数字化、档案化，为其长期保存和传承提供有力的支持和保障。随着技术的不断进步和应用的深入推广，相信乡村文化资源的数字档案建设将迎来更加美好的未来，为乡村文化的传承与发展贡献更大的力量。

2.数字文化展示平台

数字文化展示平台的建设是一项具有前瞻性和战略意义的举措，通过5G技术实现多媒体内容的高速传输，可以为乡村文化的展示和传播提供全新的平台和机遇。这一平台将为乡村的历史、民俗、文化等丰富资源提供一个集中展示和分享的场所，有助于促进乡村文化的传承与发展，增强人们对乡村的认同感和归属感。

　　数字文化展示平台可以为乡村文化资源的展示提供更加便捷、直观的方式。以往人们需要亲自前往博物馆、展览馆等场所，才能欣赏到丰富的文化内容。通过数字文化展示平台，人们可以在网络平台随时随地浏览展示的内容，无须受到时间和地点的限制。5G 技术的高速传输可以实现多媒体内容的高清流畅播放，使观众能够以更加直观的方式了解和感受乡村的历史、民俗、文化等资源，从而增强其对乡村文化的认知和理解。

　　数字文化展示平台使乡村文化资源的传播更广泛、更深入。传统的文化展示受限于展示场所和观众数量，往往只能吸引有限的观众参观。通过数字化的展示平台，乡村的丰富文化资源可以借助互联网在全球范围内传播和分享。5G 技术的高速传输可以实现多媒体内容的迅速传播和高质量展示，吸引更多的观众参与文化传承。人们可以通过网络平台了解和欣赏乡村的传统节庆、手工艺品、民俗表演等丰富多彩的传统文化内容，从而促进乡村文化的传承与发展。

　　进一步而言，数字文化展示平台可以为乡村文化资源的保护和传承提供更有效和持久的手段。受文物保存和展示条件的限制，一些珍贵的文化遗产可能因为地理位置偏远、保存条件不足等而难以得到有效保护和传承。数字文化展示平台可以将这些文化资源以数字化的形式永久保存，并通过互联网进行传播和分享。这不仅有助于加强对乡村文化资源的保护，还能够促进乡村文化的传承和发展，使其得到更加广泛、持久的传播与传承。

　　数字文化展示平台的建设和运营也面临一些挑战和问题。第一，内容建设和更新的问题。展示平台需要不断更新和丰富展示的内容，以激发观众的兴趣和参与热情。因此，数字文化展示平台需要加强对乡村文化资源的挖掘和整理，提高展示内容的质量和吸引力。第二，网络安全和隐私保护的问题。展示平台涉及大量的数字内容和用户信息，需要加强对网络安全的监控和管理，保护用户的个人隐私和权益。因此，政府部门、文化机构、科研机构等各方需要加强合作，共同推动数字文化展示平台的建设和发展，为乡村文化的传承与发展注入新的活力和动力。

　　要实现数字文化展示平台的长期可持续发展，仍需要克服技术、内容、网络安全等方面的困难，加强各方合作，共同推动乡村文化的繁荣与发展。

3.数字化非遗传承

数字化非遗传承是一项利用 5G 技术的创新举措，旨在实现非遗传统技艺的数字化传承。通过网络平台进行技艺展示和传授，可以吸引更多年轻人参与，从而促进非遗传统技艺的传承和发展。这种新型的传承模式不仅可以保护和传承非物质文化遗产，还可以推动非遗文化的创新。

数字化非遗传承可以为非遗传统技艺的传承提供全新的途径和平台。传统的非遗传承往往面临着传承人数量减少、老龄化等问题，传统的口口相传、师徒传授方式已经难以满足现代社会的需求。而数字化非遗传承可以通过网络平台将非遗技艺呈现给更广泛的受众，突破地域和时间的限制。无论是在城市还是在乡村，无论是在国内还是在国外，人们都可以通过网络观摩和学习非遗传统技艺，从而实现传承工作的全球化和多元化。这种数字化的传承模式可以为非遗传统技艺的传承提供更为便捷、高效的途径，为其传承与发展注入新的活力和动力。

数字化非遗传承可以通过网络平台进行技艺展示和传授，吸引更多年轻人参与非遗传承工作。随着社会的发展和时代的变迁，越来越多的年轻人对传统文化和非遗传统技艺产生了浓厚的兴趣，希望能够学习和传承这些珍贵的文化遗产。而传统的非遗传承方式需要长时间的学习和练习，对学习者的耐心和毅力要求较高，往往难以吸引年轻人参与。而现在，年轻人可以通过网络平台随时随地进行学习和实践，无须受到时间和空间的限制。他们可以通过观看视频、参与线上课程等方式学习非遗传统技艺，与非遗传承人进行互动和交流，从而增进对非遗传统技艺的了解，激发学习热情，积极参与非遗传承工作。

数字化非遗传承还可以为非遗传统技艺的传承提供更为丰富多样的传播形式和手段。传统的非遗传承往往依赖于口述、实践等方式，受限于传承人的教学能力和传播渠道。而通过数字化非遗传承，传承人可以以视频、音频、文字等多种形式进行技艺展示和传授，丰富传承内容和传播方式。传承人可以在网络平台上传自己的教学视频或文字教程，向广大受众分享非遗传统技艺的学习方法和技巧，受众也可以通过网络平台分享自己的学习心得和体会，进行交流和互动。这种多样化的传播形式和手段可以为非遗传统技艺的传承提供更广泛的传播渠道和更丰富的传播内容，有助于扩大非遗传承的影响力和传播范围。

数字化非遗传承有助于推动非遗文化的创新，焕发非遗文化的活力。传统的非遗传承往往依赖于历史传统和固有模式，缺乏创新和活力。而数字化非遗传承可以将非遗传统技艺与现代科技相结合，创造出更具创新性的传承方式和形式。例如，可以利用数字技术开发各种互动教学工具和应用软件，丰富非遗传统技艺的传承内容和形式。数字化非遗传承还可以吸引更多的年轻人参与传承工作，为非遗传统技艺的发展注入新的活力和动力。通过数字化传承，非遗文化可以在不断创新中得到传承和发展，焕发出新的生机和活力。

4.虚拟文化体验

虚拟文化体验是一种融合了科技和文化的全新体验方式。借助 5G 技术支持的虚拟现实技术，人们可以在虚拟环境中身临其境地感受乡村文化的魅力，这有利于促进乡村文化的传承和发展。这一技术的应用不仅可以为乡村文化注入新的活力，还能为城乡融合和文化传播提供全新的可能性。

随着科技的不断进步，虚拟现实技术已经成为一种颇具发展潜力的技术手段。传统的文化体验往往受地理位置和时间限制，不亲自前往很难亲身体验到乡村文化的魅力。借助 5G 技术支持的虚拟现实技术，人们可以通过头戴式显示设备或者其他虚拟现实设备，进入逼真的虚拟环境，身临其境地感受乡村文化的魅力。无论是走进古村落、参观传统手工艺品作坊还是体验民俗活动，都可以通过虚拟现实技术来实现，这使更多人能够亲身感受乡村文化的独特魅力。

虚拟文化体验的应用不仅可以为乡村文化的传承和发展提供新的途径，还能为文化教育和旅游推广带来新的机遇。受制于时间和空间，很多珍贵的文化遗产难以被更多的人所了解和体验。而通过虚拟现实技术，人们可以不受地域限制地参与到文化传承的过程中，深入了解乡村文化的历史、传统和精髓。虚拟文化体验还可以为乡村旅游业的发展提供新的动力，吸引更多游客前来体验，促进乡村经济的繁荣。

虚拟文化体验的应用还有助于推动城乡融合和文化传播，促进城乡之间的文化交流和互动。通过虚拟文化体验，城市居民可以走进乡村，深入了解乡村文化的内涵和魅力。虚拟文化体验还可以通过互联网等平台，将乡村文化传播到全国甚至全球，提升乡村文化的影响力和知名度，促进文化的多元发展和共享。

（二）在线文化课程

5G 技术支持高清视频实时传输，可以为乡村居民提供高质量的在线文化课程，让他们在家就能轻松接触到优质的传统文化教育资源，从而提升其文化素养，促进文化传承。

在线文化课程可以为乡村居民提供便捷的学习途径。在过去，乡村地区的文化教育资源相对匮乏，居民往往无法享受到优质的文化课程和教育资源。而通过在线文化课程，乡村居民可以在家中利用电脑、手机等设备随时随地学习。这种便捷、灵活的学习方式有利于激发乡村居民学习文化的兴趣和热情。

在线文化课程可以为乡村居民提供丰富多样的学习内容。随着互联网技术的不断发展和普及，各种优质的在线文化课程如雨后春笋般涌现，涵盖中国传统文化、艺术、历史、地理等多个领域。乡村居民可以根据自己的兴趣和需求，选择适合自己的文化课程进行学习。这些丰富多样、趣味十足的学习内容有助于满足乡村居民的不同学习需求。

在线文化课程可以为乡村居民提供优质的学习资源。5G 技术支持高清视频实时传输，为学习者提供清晰流畅的视听体验，让其仿佛置身于课堂之中。而且，借助于互联网的开放性和共享性，各种文化课程资源可以自由共享和传播，乡村居民可以免费或低成本获取优质的学习资源，从而提高学习的质量和效果。这些优质的学习资源有助于提升乡村居民的文化素养和综合素质。

在线文化课程可以为乡村居民提供交流和互动的平台。通过在线文化课程，乡村居民可以与来自不同地区的学习者进行交流和互动，分享学习心得和体会，共同探讨文化教育等话题。这种交流和互动有助于拓宽乡村居民的视野和思维。

二、5G技术促进乡村文化创新发展

（一）文化创意产业

1.远程合作与创作

远程合作与创作在5G技术的支持下正成为一种趋势。借助高速率的数据传输和低时延的通信，乡村文化创意工作者可以与全球各地的合作伙伴实现远程合作，共同创作文化产品。这种新型的合作模式不仅可以为乡村文化创意产业带来更多的发展机遇，还有望推动乡村文化的传承和创新，促进乡村振兴。

远程合作与创作可以为乡村文化创意工作者拓展合作范围。传统的合作方式受到地域限制，乡村文化创意工作者往往只能与周边地区的合作伙伴进行合作，合作资源有限，难以获得更广阔的合作空间。而借助5G技术，乡村文化创意工作者可以与全球各地的合作伙伴实现高效的远程合作。乡村文化创意工作者可以在音乐、文学、艺术等领域，通过网络平台进行实时的远程合作和交流，共同探讨创意、制定计划、实施项目。这种多元化的合作方式可以为乡村文化创意产业注入新的活力和动力，为其发展壮大提供更多的机遇和可能。

远程合作与创作可以为乡村文化创意工作者提供更为高效、便捷的合作工具和平台。传统的合作方式会受时间、空间、成本等限制，如需要频繁往返于不同地点，需要花费大量的时间和金钱等。而利用5G技术支持的远程合作平台，乡村文化创意工作者可以实现随时随地在线合作，无须受地域和时间的限制。无论是在家中、办公室还是在旅途中，乡村文化创意工作者都可以通过网络平台与合作伙伴进行实时交流和合作，共同完成项目任务。这种高效便捷的合作模式有利于节省时间成本和空间成本，提高合作效率，为乡村文化创意工作者创造更为舒适、自由的工作环境。

远程合作与创作可以为乡村文化创意工作者提供更广阔的市场和受众。传统的合作模式可能局限于某一地区或国家，合作成果受地域限制，难以触及更广泛的受众群体。而通过远程合作平台，乡村文化创意工作者可以与全球各地的合作伙伴共同创作文化产品，将作品推广至全球。这种跨地域的合作模式不仅可以拓展市场空间，提高作品的知名度和影响力，还可以促进文化交流与融合，丰富乡村文化创意产业的内涵和外延。5G技术的高速率和低时延特点可以确保远程合作平台快速稳定地传输大量的文化创意内容，从而为作品的推广和传播提供坚实的技术保障。

远程合作与创作有助于推动乡村文化的传承和创新。乡村文化作为中国文化的重要组成部分，承载着丰富的历史、文化和民俗资源，具有独特的地域特色和文化价值。通过与全球各地的合作伙伴进行远程合作，乡村文化创意工作者可以汲取外部的创新和设计理念，融合当地的文化资源和传统技艺，推动乡村文化的传承和创新。这种跨文化、跨地域的合作模式有助于激发乡村文化的活力和创造力，促进乡村文化产业的繁荣和发展。这种全新的合作模式不仅可以拓展合作伙伴的范围，提高合作效率，还可以拓展市场空间，促进文化传承与创新。

2.在线交易平台

在线交易平台的兴起可以为乡村文化创意产品的销售开辟全新的渠道。借助5G网络的高速率和低时延特点，乡村文化创意产品得以在线展示和销售，从而打破地域限制，拓宽销售范围，促进乡村文化创意产业的发展。这一技术的应用不仅可以为乡村文化产业注入新的活力，还能为农民拓展增收渠道，促进乡村经济的繁荣。

随着互联网技术的不断发展，在线交易平台已成为乡村文化创意产品销售的重要渠道。传统的乡村文化产业往往面临着销售渠道有限、市场辐射范围窄等问题，难以实现规模化和品牌化发展。借助5G网络的高速率和低时延特点，乡村文化创意产品可以通过在线交易平台进行全球展示和销售，从而打破地域限制，拓展销售范围，实现乡村文化产业的全球化发展。

在线交易平台的兴起可以为乡村文化创意产业的市场拓展提供有力支持。传统的乡村文化产业往往受制于地理位置和市场环境等因素，销售渠道有限，市场开拓困难。而通过在线交易平台，乡村文化创意产品可以直接面向全球市场进行销售，吸引更多的消费者关注和购买。在线交易平台还可以通过数据分析和个性化推荐等技术手段，为乡村文化创意产品提供精准的市场定位和用户服务，提升销售效率和客户满意度。

在线交易平台的应用不仅可以为乡村文化创意产业提供销售渠道，还能为创业创新提供更多机会。传统的乡村文化产业往往以手工艺品和传统工艺零售为主，缺乏市场化的销售渠道和品牌化的运营模式。通过在线交易平台，乡村创业者可以低成本地进行产品展示和销售，吸引更多消费者的关注。在线交易平台还可以为乡村创业者提供众多的创业支持和服务，如营销推广、物流配送等，从而降低创业门槛，激发更多创业创新活力。

在线交易平台的应用还有助于乡村文化的传承和发展。乡村文化是中华民族宝贵的文化遗产，具有丰富的历史底蕴和独特的地域特色。由于城乡发展不平衡和社会经济结构转型等因素，乡村文化的保护和传承面临着严峻挑战。通过在线交易平台，乡村文化创意产品得以更广泛地展示和传播，使公众对乡村文化有更深的认知和理解，进而推动乡村文化的传承和发展。在线交易平台还可以为乡村文化产业的发展提供新的动力和机遇，促进乡村文化的创新。

在线交易平台的应用也面临着一些挑战和问题。第一，乡村文化创意产品的品质和设计水平参差不齐，如何提高产品质量和竞争力是一个重要问题。第二，在线交易平台存在售假、侵权等问题，需要建立健全的监管机制和法律体系，保护消费者的合法权益和乡村文化产业的良性发展。第三，乡村地区的网络覆盖和物流配送等基础设施也是制约在线交易平台发展的重要因素，需要政府和企业加大投入，提升基础设施建设水平。

3.数字创意产业

数字文化资源的挖掘与利用是当下文化产业发展的重要方向之一，而数字创意产业则是数字文化资源利用的重要途径之一。基于乡村特色文化资源，培育数字创意产业，利用 5G 技术推动文化创意产品的研发和营销，对于促进乡村经济的发展和文化的传承具有重要意义。

数字创意产业可以为乡村特色文化资源的挖掘和利用提供新的途径和机会。乡村地区因其独特的地理环境、人文历史和民俗风情，拥有丰富多样的文化资源，包括传统手工艺、民间艺术、乡土风情等。而数字创意产业的发展可以通过数字化技术手段，对这些乡村特色文化资源进行深入挖掘和开发，创造出具有乡土特色的文化创意产品和服务，丰富乡村文化生活，提升乡村文化软实力。

数字创意产业利用 5G 技术推动文化创意产品的研发和营销，具有技术创新和市场拓展的双重效应。5G 技术作为新一代移动通信技术，具有高速率、低时延的特点，可以为数字创意产业提供强大的技术支持。借助 5G 技术，文化创意产业可以实现更加流畅、高清的视频和图像传输，为文化产品的研发和制作提供更加先进的技术手段。通过 5G 网络，文化创意产品可以更加便捷地进行线上营销和推广，拓展产品的市场覆盖面，增加产品的销售渠道，提高产品的市场竞争力。

数字创意产业的发展还可以促进乡村产业的多元化和转型升级。在过去，乡村地区的经济主要依靠农业生产和土地资源开发，缺乏多元化的产业支撑，经济发展面临着较大的压力和挑战。而数字创意产业的发展可以为乡村地区带来新的产业增长点和经济增长动力。挖掘和利用乡村特色文化资源，培育数字创意产业，可以促进乡村产业结构的优化和升级，推动乡村经济的多元化发展，增加乡村居民的就业机会和收入来源，促进乡村经济的可持续发展。

数字创意产业的发展还可以促进乡村社会的文化传承和创新。乡村特色文化是乡村社会的重要组成部分，是乡村精神和文化传统的载体和象征。而数字创意产业的发展可以通过现代科技手段对传统文化进行创新和传承，为乡村社会的文化建设和发展注入新的活力和动力。数字创意产业的发展也可以为乡村青年提供展示自我才华和创造力的舞台，激发乡村社会的创新创业活力，推动乡村社会的文化建设和精神文明建设。

（二）文化 IP 的开发与运营

借助 5G 技术的推动，文化 IP（intellectual property，即知识产权）在游戏、动漫、影视等形式中的开发与运营得以获得新的发展，这能够为乡村文化创意产业的创新注入新的活力，为乡村经济提供更为广阔的发展空间。

文化 IP 的开发与运营在推动乡村文化产业创新发展方面具有重要意义。在过去，乡村地区在文化产业方面往往受限于资源和市场，难以实现高质量的文化产品开发和推广。借助 5G 技术，文化 IP 的开发与运营可以突破时空限制，实现内容的即时传输和全球范围内的推广，为乡村文化产业的创新发展提供新的机遇。将乡村特色、传统文化等元素融入文化 IP 可以创造出更具吸引力和独特性的文化产品，满足不同群体的需求，提高乡村文化产业的竞争力和影响力。

文化IP的开发与运营可以为乡村经济发展注入新的动力。文化产业作为新兴产业，在经济增长和就业创造方面发挥着重要作用。通过5G技术的应用，乡村可以充分挖掘本地的文化资源和人文内涵，打造具有地方特色和文化底蕴的文化IP，通过游戏、动漫、影视等形式进行推广和运营，吸引更多的游客和消费者，促进乡村旅游业的发展和文化创意产品的销售，从而带动当地经济的发展和增长，实现文化产业与经济发展的良性循环。

文化IP的开发与运营还可以推动乡村文化产业的整合和升级。传统的文化产业往往以单一形式存在，缺乏多元化的产品和服务。而文化IP的开发与运营将不同形式的文化产品有机结合起来，形成一个完整的产业链条，涵盖内容创作、产品设计、市场推广等多个环节，可以实现产业链的整合和协同发展。通过5G技术的支持，文化IP的运营可以实现全链条的数字化管理和智能化运营，提高产业链的竞争力，推动乡村文化产业的升级和转型。

文化IP的开发与运营还可以促进乡村文化产业与科技创新的融合发展。5G技术的广泛应用可以为文化IP的创作、传播和消费提供技术支持，从而推动文化产业的数字化、智能化发展。乡村可以借助科技手段，通过虚拟现实、增强现实等技术，让文化IP的呈现形式更加丰富多彩，增强文化产品的体验感，提升文化产品的吸引力，拓展文化产业的发展空间，为乡村经济的转型升级提供新的动力。

第五章　5G 技术助力乡村医疗卫生事业发展

第一节　5G 技术促进乡村医疗智慧化发展

一、远程医疗

（一）远程医疗咨询

远程医疗咨询的出现为乡村地区的医疗服务带来了新的可能性和机遇。在 5G 网络的支持下，远程医疗咨询成为乡村医疗改革的重要推动力量，为广大乡村居民提供更便捷、更高效的医疗服务。

远程医疗咨询可以通过 5G 网络实现医疗资源的共享和优化配置。在过去，城市医院拥有相对丰富的医疗资源和专业的医疗团队，而乡村医院的医疗资源相对匮乏，导致医疗资源的浪费和不均衡分配。随着 5G 网络的应用，远程医疗咨询将城市医院的专家资源与乡村地区的医疗需求进行有效对接，可以实现医疗资源的共享和优化配置，提高医疗资源的利用效率，让更多的患者受益于优质的医疗服务。

远程医疗咨询可以通过 5G 网络实现医疗服务在乡村的覆盖和延伸。在过去，由于交通不便和信息不对称，乡村地区的患者往往难以及时获得专业的医疗服务，导致疾病的延误和治疗的不及时。随着 5G 网络的普及，远程医疗咨询可以打破地域的限制，使乡村地区的患者通过网络平台进行远程医疗咨询，及时获得专业的医疗服务，实现医疗服务在乡村的覆盖和延伸，提升患者的就医便利性和满意度。

（二）远程专家会诊

远程专家会诊是一项利用 5G 网络技术实现的创新医疗模式，它将城市的专家资源与乡村的医疗需求有机结合，为乡村医疗服务提供全新的可能性。通过远程会诊，乡村医院可以及时获得专家的远程指导和支持，从而提高乡村医疗水平和诊疗质量，使乡村居民也能享受到更优质的医疗服务。

远程专家会诊可以为乡村医院带来专家的专业支持。在过去，乡村医院的医疗资源相对匮乏，医生的临床经验和专业水平相对有限，面对一些复杂疑难病例时往往束手无策。通过远程专家会诊，乡村医院可以借助 5G 网络与城市的专家进行远程沟通和会诊，及时获取专家的诊疗建议和指导。这种专业支持不仅有助于提高乡村医生的临床水平和诊疗能力，也能够保障乡村居民的医疗安全和健康。

远程专家会诊可以为乡村医院拓展医疗资源和服务范围。乡村医院由于医疗设备相对落后，往往无法提供全面的医疗服务，患者不得不前往城市的大医院进行诊疗。通过远程专家会诊，乡村医院可以实现与城市专家的远程联系，为患者提供更全面、更专业的医疗服务。患者无须长途跋涉，即可在家门口享受到来自城市专家的诊疗服务，从而减轻患者的就医负担，提高医疗资源的利用效率。

进一步而言，远程专家会诊可以为乡村医院提供便捷、高效的医疗诊疗模式。患者自行前往城市的医院排队等候，会消耗大量的时间和精力，而且可能因为交通不便等原因而延误诊疗时机。乡村医院与城市专家进行远程会诊，不仅可以节省患者的时间和精力，也能保障患者的诊疗效果和质量。乡村医生可以及时向专家请教，从而提高诊疗效率和准确性，为患者提供更加便捷、高效的医疗服务。

（三）远程医疗诊断与治疗

远程医疗诊断与治疗是在医疗资源相对匮乏的乡村地区尤其关键的一项技术创新。这种新型的医疗模式不仅可以缓解乡村地区医疗资源不足的问题，还能改善患者的就医体验，提高医疗服务的水平和质量。

远程医疗诊断与治疗可以通过 5G 技术实现医疗资源的跨地域共享和优化配置。传统的医疗模式受地域限制，乡村地区医疗资源相对匮乏，专业医生和设备少，导致患者往往需要到城市才能得到高水平的医疗服务。5G 技术的应用可以为远程手术提供支持。乡村地区的医疗机构可以与城市的医疗专家实现实时连接，借助高清视频和实时数据传输技术，进行远程手术指导和支持。医疗专家可以通过远程操作手术机器人或指导当地医生进行手术操作，实现手术的远程指导和支持，减轻患者长途跋涉到城市就医的负担。这种跨地域的医疗资源共享和优化配置模式，可以有效缓解乡村地区医疗资源匮乏的问题，提升患者就医的便利性和满意度。

远程医疗诊断与治疗可以通过实时数据传输实现医生与患者之间的远程沟通和协作。在传统的医疗模式下，医生与患者之间的沟通受到地域限制，患者往往需要亲自前往医院或诊所才能与医生进行面对面的交流和咨询。而借助 5G 技术，医生可以通过远程视频会诊的方式，对患者的病情进行评估和诊断，并给予相应的治疗建议和指导。患者也可以通过远程视频咨询的方式向医生咨询病情和治疗方案，无须长途跋涉到医院或诊所就诊。这种远程沟通和协作方式有助于提高医患之间的交流效率和质量，改善患者的就医体验，提升医疗服务的满意度。

（四）远程影像诊断

远程医疗诊断是医生利用先进的通信技术和医疗设备，远程对患者进行诊断和治疗的一种医疗模式。远程影像诊断是远程医疗诊断的重要组成部分。借助 5G 网络的高速率和低时延等特点，医生可以远程对医疗影像进行实时诊断，提高诊断的准确性和效率。

远程影像诊断有助于医疗卫生资源的优化配置。在过去，医疗资源往往集中在城市或发达地区，而乡村地区的医疗卫生资源相对匮乏，患者往往需要长时间的等待和转运才能得到专业诊断和治疗。而借助远程影像诊断技术，患者可以在本地医院进行影像检查，将检查结果通过 5G 网络传输给远程医生，从而避免长途跋涉，节省等待的时间。这有助于实现医疗资源的优化配置，提高患者的就医效率。

远程影像诊断可以为医疗卫生服务的普及提供重要保障。由于乡村地区医疗资源相对匮乏，很多患者难以及时得到专业的医疗服务，严重影响其健康状况和生活质量。而远程影像诊断技术可以使专业医生不受地域限制，随时随地为乡村患者进行远程诊断和指导，进而实现医疗资源的跨区域共享和医疗服务的远程提供。这种医疗服务模式有助于缓解医疗资源的不足，提高乡村患者的就医便利性和满意度，促进医疗服务的普及和公平。

远程影像诊断可以为医疗卫生质量的提升提供新的途径和机会。借助 5G 网络的高速率和低时延等特点，远程医生可以实时获取患者的医疗影像，对病情进行准确的诊断和判断，及时给予患者正确的治疗方案和指导。这种及时、精准的医疗服务模式，有助于提高诊断的准确性和效率，减少误诊、漏诊的发生，从而提高医疗卫生质量和安全水平，保障患者的健康和生命安全。

远程影像诊断还可以为医学研究和教育提供新的平台和机会。通过远程影像诊断技术，医生可以实时共享医疗影像和病例资料，进行病例讨论和学术交流，促进医学知识的传播和共享，推动医学研究的进步和发展。远程影像诊断还可以为医学教育提供实践机会和案例教学资源，有利于培养医学人才，促进医学教育的改革和提升。

（五）远程医疗监护

远程医疗监护是医疗领域的一项重要创新。借助 5G 网络的高速率和低时延等特点，慢性病患者可以利用智能医疗设备监测生理参数，数据通过 5G 网络传输至医疗中心，实现远程医疗监护。这一技术的应用不仅可以让患者更加便捷地接受医疗服务，还能够提高医疗资源的利用效率，减轻医护人员的工作压力，为慢性病患者提供更加全面、及时的医疗保健服务。

随着人口老龄化程度的加深和慢性病患者数量的增加，传统的医疗服务模式已经难以满足患者的需求。慢性病患者需要定期监测生理参数，及时调整治疗方案，但是由于医疗资源的有限和分散，患者往往需要长时间等待和排队，耗费大量的时间和精力。而借助 5G 网络的高速率和低时延等特点，慢性病患者可以利用智能医疗设备监测生理参数，数据通过 5G 网络传输至医疗中心，医生可以随时随地监测患者的健康状况，及时调整治疗方案，实现远程医疗监护，提高患者生活质量。

远程医疗监护的应用能够更好地利用医疗资源，扩大医疗服务的普及和覆盖范围。传统的医疗服务模式往往受制于医院设施和医护人员数量等因素，医疗资源分布不均衡，患者往往需要长时间等待和排队，影响了医疗服务的效率和质量。而通过远程医疗监护，患者可以在家中利用智能医疗设备监测生理参数，将数据实时传输至医疗中心，使医生可以随时随地为患者提供远程诊断和治疗服务。这不仅可以节省患者的时间和精力，还能够提高医疗资源的利用效率，减轻医院的医疗压力，为更多患者提供及时、有效的医疗服务。

远程医疗监护的应用还能够提高医疗监护的效率和水平。慢性病患者需要长期监测和治疗，而传统的医疗服务模式往往难以满足患者的需求。通过远程医疗监护，医生可以随时了解患者的健康状况，及时调整治疗方案，指导患者进行自我管理和康复训练。这有利于提高医疗监护的效率和水平，降低患者的医疗成本，提高患者的生活质量。

远程医疗监护的应用也面临着一些挑战和问题。远程医疗监护涉及患者的个人隐私和敏感信息，需要建立严格的数据安全保障机制，保护患者的个人隐私和信息安全。

二、5G 智慧医疗

我国幅员辽阔，医疗资源不足且分布不均，偏远山区以及经济较为落后的乡村地区很难享受到高质量、高效率的医疗服务，随着 5G 物联网时代的到来，"智慧医疗"得以融入普通百姓的生活，而且 5G 技术与人工智能、云计算以及虚拟现实技术的有效结合，将在智慧医疗领域迸发出无限的生机与活力。

（一）5G 智慧医疗的市场前景

5G 通信是开启智慧医疗市场的"金钥匙"，具体可以通过常见的医疗转型三部曲来阐释。

第一阶段主要实现医院内信息化覆盖。最具标志性的是"电子病历""线上预约""电子付费"等，可以减少纸质化办公，提高医疗机构的内部运转效率。该阶段的参与者有医院、数据服务商、企业资源计划服务商等。它们通过信息数据的规整、分析和处理，重塑医院的内部流程，提高整体工作效率。但由于缺乏高速的传输途径和实时的智能计算能力，该阶段的信息利用效率仍然低下。

第二阶段主要实现区域医疗信息化，以及跨区远程医疗共享和协作。该阶段的主要参与者有政府机构、医院、通信运营商和提供相关解决方案的企业等。它们利用 5G 通信技术，搭建一个完善的医疗信息化专用网络。5G 通信不仅能够高效地解决医院内部的数据传输和处理存在的问题，还有利于打破医院间、区域间的信息共享障碍，使患者的健康数据可以得到充分的收集和存储，在一定程度上实现远程医疗协作的应用场景。最典型的案例就是无须在医院等待检查报告，医院会将其发送到患者的手机里。这一阶段对于乡村医疗的智慧化发展尤其重要。

第三阶段是实现个人健康管理和精准医疗服务。受益于 5G 通信，医疗机构可借助大数据分析、人工智能、物联网、云计算等技术，进一步拓展医疗数据的应用范围，让轻病患者不来医院也能治愈、让重病患者能获得更精准的有效医治。在这一阶段，医患双方的体验会有质的改善，相关的应用也会以前所未有的速度拓展出新，推动智慧医疗市场的大爆发。5G 是智慧医疗产业发展中承上启下的关键环节，没有 5G 通信的高速率、低时延、大连接的特点，医疗数据就无法实现高效实时传输和运算，应用拓展就会受到制约。

当前，5G 在医疗健康领域的应用场景根据其覆盖的位置不同，可分为院内医疗、远程医疗两种应用场景。其中，院内医疗可分为智慧导诊、移动医护、智慧院区管理、AI 在线诊疗、医疗物流机器人、5G 云护理等 6 个应用场景。远程医疗应用场景包括远程会诊、远程超声、远程手术、应急救援、远程内镜等 14 个应用场景。

但归根结底，无论应用拓展如何延伸，智慧医疗的应用都需要遵从 3 个出发点：一是面向医务人员的"智慧医疗"，目的是完成核心的信息化建设，让医务人员可以更专注于救治工作；二是面向患者的"智慧服务"，目的是方便患者就医问诊，包括就诊前的在线预约、信息提醒，医院里的一体机、自助机，以及衍生出来的一些服务，这些智慧服务能让患者获得更加方便、快捷的诊疗服务；三是面向医院管理的"智慧管理"，主要是应用于医院精细化管理，如医院信息系统、医院资源规划系统、物资管理系统、药品耗材检验管理系统等。

（二）5G 智慧医疗所面临的挑战

1.网络覆盖面积及稳定性

智慧医疗在不同的业务场景中，对通信组网的覆盖范围和网络稳定性有着极为严格的要求。现阶段，我国所实现的 5G 应用场景几乎都在室外，而智慧医疗的业务环境与之截然相反，大多在室内，如果对当前医院网络体系下的 3G/4G 室分系统改进整合，则难以实现医院院区内 5G 信号的全域覆盖。此时就要求运营商遵照医院的楼层建设和科室功能的划分，重新部署 5G 室分系统，并在院区内搭建一定数量的 5G 微基站，提升 5G 信号的覆盖范围。

在 5G 智慧医疗的不同业务场景中，需要更多地引入虚拟现实技术和增强现实技术，而虚拟现实技术的灵活运用，一方面可以改善用户的视觉效果，另一方面可以打破空间、时间以及其他客观条件的限制，但是基于这些技术的智能终端设备也会加重网络流量的负担。

2.信息安全问题

伴随着数字化、智能化时代的来临,信息安全成为网络虚拟平台的一大隐患,如何保障患者的信息安全成为当前亟须解决的难题。患者个人信息主要包括个人隐私、账户信息和网络行为等，在医疗领域又涉及大量患者的登记、诊疗和用药信息数据。5G 智慧医疗在大数据、深度学习等技术的支撑下，能够有效减少医疗建设成本，提高医生诊疗效果，与此同时保证患者的信息安全和防止信息泄露也十分重要。

移动边缘计算技术作为 5G 网络构建的重心，在距离患者最近的一侧提供相应的医疗信息服务，将位于云端中心的功能与服务"下沉"至移动网络边缘，可以有效降低网络时延，优化患者的医疗服务体验。边缘网络作为能力开放的网络，其网络服务对于各种应用软件都会开放，在成本、性能等因素的影响下，边缘节点的安全防护能力不足以抵御网络攻击，容易被非法访问，造成患者数据信息的泄露和硬件设备的损坏，进而导致智慧医疗整个运营网络的崩溃。

鉴于 5G 网络存在的信息安全问题，医院网络服务平台、医疗管理机构需要搭建更为安全的网络架构，设立统一的身份认证机制，构建完善有效的医疗服务系统，确保患者的个人信息在医疗场所、医护人员及网络服务平台中及时传播，实现智慧医疗的高效运行。

3.数据管理及评价体系

当前在智慧医疗的信息化建设过程中，医院主要采用逐步填充的方式将医疗数据信息录入医院管理系统，缺乏较为完善的统筹管理，再加上医院不同科室的数据整合复杂，各科室间的医疗设备终端不同，造成医疗数据传输时信息交互困难，出现数据孤岛、患者医疗数据丢失等问题。

在该背景下，医院需要创建较为完整的设备质量监察体系、医疗数据分析体系以及终端接口检测体系，并严格依照医疗卫生行业标准执行，对医疗基础设施、医疗智能终端等器械实行质检，统一接口标准，使患者医疗数据得到有效保管，减少病人个人隐私的泄露。在 5G 网络的支持下，加快推进智慧医疗行业的发展，能够进一步落实医院服务管理的智能化以及数据处理的细致化建设。

此外，建立数字化、信息化的医疗服务体系和服务评价体系，有助于实现医院内部各级别的智慧管理，保障管理工作的高效进行，推进智慧医疗行业"顶层设计"的顺利实现。同时，医院可借助网络云平台的多元化管理，提升患者的就医体验，全面了解患者的就医需求，并遵循用户的反馈结果，针对相应的医疗服务给予调控，开展智能化医疗服务新模式，推进 5G 技术在智慧医疗场景的业务落实。

4.相关法律的欠缺

伴随智慧医疗领域的迅速崛起，智能机器人、可穿戴移动设备以及无线医疗终端逐渐呈现在大众的视野之中。然而很多智慧医疗设备会涉及患者的相关隐私，医疗信息和个人数据泄露，会给患者本人和医院造成不小的损失。

在这个网络信息交互迅速、信息获取渠道广泛的时代，患者医疗数据和个人信息的盗取、泄露及篡改等问题难以追溯源头，保障信息安全最为切实可行的办法就是通过立法的手段，对当前拥有医疗数据及患者个人信息的医护人员做出明确规定，对医疗数据的操作规范做出明确指引，从而保障智慧医疗的安全建设与发展。

此外，在做好医疗信息安全防控的同时，需要通过相关法律法规的约束与强制，避免不法分子蓄意攻击医院医疗系统，利用系统漏洞对患者及社会造成伤害。同时，应基于智慧医疗系统建立完善的责任与处罚机制，强化医疗领域工作人员的使命感，加大违法惩治力度，监督公民遵纪守法，确保公民严格按照法律规定行使自身权利。

第二节　5G 技术与乡村医疗的融合与创新

一、5G 技术与乡村医疗的融合

（一）智能医疗警报系统

随着医疗技术的不断进步，智能医疗警报系统在医疗监护领域发挥着重要作用。传统的医疗监护方式往往依赖于医院设备和人工护理，监护效果受到时间和空间的限制，身处乡村地区的患者更是难以享受医疗监护服务。而借助 5G 网络的高速率和低时延等特点，患者的健康数据可以实时传输给医生，医生可以随时随地监测患者的健康状况，一旦出现异常情况，能够及时收到警报并进行处理。通过智能医疗警报系统，医生可以对患者的健康数据进行全面监测和分析，发现潜在的健康风险和问题，提前进行干预和治疗，降低医疗事故的发生率，提高医疗服务的质量和安全性。

智能医疗警报系统的应用还能够提高医疗服务的应急处理能力。在医疗工作中，突发状况和意外事件时有发生，如患者突然心脏骤停、呼吸暂停等，需要及时采取紧急救治措施。借助 5G 网络的高速率和低时延等特点，智能医疗警报系统可以实现对患者健康数据的实时监测和传输，一旦出现异常情况，医生能够立即收到警报并进行处理，及时采取紧急救治措施，保障患者生命安全。通过智能医疗警报系统，医疗机构可以提高应急救治能力和水平，提高应对突发事件的能力和效率。

智能医疗警报系统的应用还能够加强对患者的关怀和照顾。患者在医院治疗期间往往会感到孤独和焦虑，特别是在夜间和节假日。借助 5G 网络的高速率和低时延等特点，智能医疗警报系统可以实现对患者健康数据的实时监测和传输，医生可以随时随地关注患者的健康状况，及时给予患者安抚和鼓励，增强患者的信心和勇气，减轻患者的痛苦和焦虑。通过智能医疗警报系统，医疗机构可以提高服务水平和患者对医疗服务的满意度。

综上所述，智能医疗警报系统有助于乡村地区的患者足不出户享受高质量、高效率的医疗服务。

智能医疗警报系统的应用也面临着一些挑战和问题。智能医疗警报系统涉及患者的健康数据和隐私信息，需要建立起严格的数据安全保障机制，确保患者的个人隐私和信息安全。智能医疗警报系统的建设和运行需要投入大量的人力、物力和财力，医疗机构需要加强技术研发和人才培养，提高系统的稳定性和可靠性。智能医疗警报系统的应用还需要解决医疗机构和医生的接受度、适应能力等问题，可以通过加强对医疗技术和服务模式的培训等方式，推动医疗服务的数字化转型和智能化升级。

（二）移动医疗应用

移动医疗应用在医疗行业中具有巨大的潜力，尤其是在健康监测与预警方面。借助 5G 网络的支持，移动医疗应用能够实现对患者健康状况的实时监测和预警，为医疗保健提供更加及时、有效的支持。这一技术的应用不仅可以改变传统医疗模式，还能为个体健康管理和疾病预防提供新的解决方案。

移动医疗应用的发展可以推动医疗服务的普及和便捷化。在过去，乡村地区的医疗资源相对匮乏，患者往往需要长时间等待才能获得有效的医疗服务。而基于 5G 网络的移动医疗应用可以实现远程医疗服务，患者无须前往医院，就可以通过手机或其他移动设备进行在线咨询或邀请医生进行在线诊断。这种远程医疗服务有助于提高医疗服务的便捷性和可及性，特别是对于乡村地区的患者来说，意义重大。

移动医疗应用的健康监测功能可以实现对患者健康状况的实时监测。穿戴式设备、智能传感器等可以实时监测患者的生理参数，如心率、血压、血糖等，将数据传输给医生或医疗平台，实现对患者健康状态的远程监控。这种实时监测可以帮助医生及时发现患者的健康异常情况，采取及时有效的干预措施，避免疾病的进一步恶化，提高医疗保健的质量和效率。

移动医疗应用的预警功能可以提前预测患者潜在的健康风险。通过对患者的健康数据进行分析和处理，结合医疗专家的指导，移动医疗应用可以建立起个性化的健康风险评估模型，及时发现潜在的健康风险因素，并向患者发出预警提示，引导患者采取相应的预防措施。这种预警功能不仅能够帮助患者更好地了解自身的健康状况，还可以引导他们改变不良的生活习惯，预防慢性疾病的发生，提高医疗保健的预防和控制能力。

移动医疗应用还可以实现医患之间的有效沟通和互动。患者可以通过应用程序随时随地向医生咨询问题、查询医疗信息；医生也可以通过应用程序及时向患者提供医疗建议和指导，进行远程诊断和治疗。这种医患沟通的方式既方便、快捷，又能够保护患者的隐私，有助于提高医疗服务的质量，促进医患关系的良好发展。

移动医疗应用可以实现对患者健康状况的实时监测和预警，从而提高医疗保健工作的效率，为个体健康管理和疾病预防提供新的解决方案。要实现移动医疗应用的全面发展和推广，还需要克服技术、政策、安全等方面的困难，建立健全的监管机制和数据保护机制，确保移动医疗应用的安全可靠，实现医疗服务的全面升级和优化。

二、5G 技术与乡村医疗的创新

（一）人工智能辅助诊疗

人工智能辅助诊疗是医疗领域的一项重要创新，5G 技术有助于实现医疗数据的实时处理和医疗服务的进一步提升。人工智能算法在医疗领域的应用不断创新，它能够处理大量的医疗数据，辅助医生进行诊断并制定治疗方案，从而提高医疗服务的效率。这一技术的发展有利于为乡村地区居民提供更优质的医疗服务，使医疗服务更加个性化和精准化，进而提高医疗水平。

人工智能辅助诊疗利用 5G 技术可以实现医疗数据的实时处理和传输。在过去，医生需要耗费大量时间和精力手动处理患者的医疗数据，例如影像学检查、实验室检查等，这不仅效率低下，还容易出现漏诊和误诊等问题。结合 5G 技术，人工智能算法可以实时处理大量的医疗数据，将结果迅速传输给医生，为医生提供更及时、更准确的诊断信息。这种实时处理和传输的模式可以大大提高医疗服务的效率和准确性，为患者提供更快速、更可靠的诊疗体验。

人工智能辅助诊疗有助于实现医疗服务的个性化和精准化。传统的诊疗往往采取一种"一般化"的方式，忽视了每个患者的个体差异和特点。通过人工智能算法的应用，医生可以根据患者的具体情况和病史，制定个性化的诊疗方案，从而提高诊断和治疗的精准性和针对性。人工智能技术能够分析大量的医疗数据，发现患者的疾病模式和趋势，为医生提供科学依据，帮助医生更好地制定诊疗方案，提高医疗服务的质量和效果。

进一步而言，人工智能辅助诊疗可以为乡村地区居民提供更为优质的医疗服务。在过去，乡村地区的医疗资源有限，医生的临床经验和专业水平也相对有限，导致医疗服务的不足和不均衡。通过人工智能辅助诊疗，乡村地区的医生可以借助人工智能技术的支持，提高诊疗的准确性和效率，为居民提供更为优质的医疗服务。人工智能技术能够帮助医生快速识别疾病，提供科学的治疗方案，使乡村居民享受到高水平的医疗服务。

人工智能辅助诊疗也面临一些挑战和问题。第一，技术应用的标准化和规范化问题。不同的人工智能算法可能存在差异和不确定性，需要加强对技术应用的监控和管理，保障医疗服务的安全性和可靠性。第二，医生和患者对人工智能技术的接受和信任问题。医生可能担心人工智能技术提供的信息是否全面，患者可能担心人工智能诊断的准确性和可靠性，医院需要加强对医生和患者的培训，增强其对人工智能技术的理解和信任。

（二）虚拟现实与增强现实在医疗中的应用

虚拟现实和增强现实技术在医疗领域的应用正逐渐展现出巨大的潜力。5G技术的出现可以为这些技术的发展提供强大的技术支持，其高速稳定的网络连接能够为虚拟现实和增强现实技术在医疗中的广泛应用提供更加可靠的基础。这些技术不仅可以用于远程手术模拟和医学教育培训，还能够让医疗服务更加智能化和直观化，为乡村地区的医疗人员提供更加高效的培训。

虚拟现实和增强现实技术在医疗领域的应用正在日益多样化和广泛化。除了远程手术模拟和医学教育培训，虚拟现实和增强现实技术还可以用于辅助诊断、康复治疗、手术导航、精准医疗等方面。医生可以利用虚拟现实技术模拟手术操作，提前熟悉手术过程，降低手术风险。康复治疗过程中，患者可以通过增强现实技术进行交互式康复训练，提高康复效果和治疗效率。这些应用场景的不断丰富和拓展，得以为医疗工作者提供更多的选择和可能性，提高医疗服务的质量和效率。

虚拟现实和增强现实技术的引入使得医疗服务更加智能化和直观化。通过虚拟现实和增强现实技术，医生可以利用虚拟现实环境进行远程会诊和手术模拟，直观地观察患者的病情和解剖结构，从而制定更加个性化、精准的治疗方案。医学教育培训也可以利用虚拟现实技术进行模拟操作和场景重现，提高医学教育的实效性和趣味性。这种智能化、直观化的医疗服务模式，不仅能够提高医疗服务的效率和质量，也有助于提升患者的就诊满意度。

虚拟现实和增强现实技术的应用有助于为乡村地区的医疗人员提供更加高效

的培训。由于乡村地区医疗资源相对匮乏，医疗人员的培训和技术水平往往相对较低，影响了医疗服务的质量和效率。而借助虚拟现实和增强现实技术，医疗人员可以利用虚拟现实环境进行实战模拟和操作训练。这能够提高医疗人员的技术水平和操作技能，为乡村地区的医疗服务提供更加高效和可靠的支持，促进医疗服务的普及和提升。

第六章　5G 技术助力乡村智慧养老服务

第一节　提供智慧养老服务产品

当前我国正处于两个发展阶段，即人口结构的快速老龄化阶段和科学技术的高度发展阶段，如何将 5G 技术应用于我国的乡村老龄化问题治理，发挥数字赋能的作用，提高乡村养老服务的智慧化、智能化程度，引起了政府与社会各界的广泛关注。

我国人口老龄化具有规模大、速度快、程度深以及老年人口健康水平低等特征，且已经成为我国改革发展中不可忽略的全局性问题。根据第七次全国人口普查数据显示，我国 60 岁及以上人口有 2.6 亿人，占比达 18.7%，老龄化进程明显加快。随着乡村青年人口不断向城镇流动，乡村人口老龄化的程度和速度始终高于城镇，因此解决好乡村的养老问题也是迎接我国人口老龄化挑战的关键问题。如何全方位地满足老年人的各种服务需求，是我国老龄化产业的出发点和落脚点。当前，面对我国老龄化的基本国情及养老需求的日趋多元化，传统的单一层次的养老模式已无法满足老年人对美好生活的向往，因此 5G 技术与养老服务的深度融合是应对严峻老龄化形势的必然选择。

当前全球正处于互联网信息技术高速发展时期，我国提出了"智慧养老"的战略方针。随着我国互联网、大数据、云计算等网络信息技术的快速发展，"智慧养老"服务模式应运而生。"智慧养老"是指通过物联网、移动计算、人工智能、区块链等现代科学技术，围绕老年人的日常生活各个方面来提供生活服务。智慧养老的供给方主要包括家庭、社区和第三方机构等，服务内容侧重于智慧助老（物质层面）、智慧孝老（精神层面）和智慧用老（自我实现）三个层面。我国乡村智慧养老针对的目标群体是老年人，以空巢老年人、失能和半失能老年人为重点对象。当前我国智慧养老仍然处于较低发展阶段，尤其是乡村智慧养老正处于初步探索阶段，尚有较大的发展空间。

随着老龄化社会、信息化社会的同时到来，乡村养老发生了深刻的变化，智慧养老服务成为不可阻挡的发展趋势。加快构建智慧养老服务体系有利于促进老年人身心健康，提高养老保障水平，促进养老服务高质量发展。

按照应用场所划分，我国乡村智慧养老模式可分为智慧居家养老服务、智慧机构养老服务、智慧社区养老服务三种主要模式。各种模式都具有较多的消费人群，且各模式人群呈现出全覆盖、交叉性和消费潜力巨大的特点。

一、智慧居家养老服务

居家养老是我国乡村养老的基石，以家庭为中心，依靠子女、亲属养老，是当前我国养老的主流模式。然而，这种居家养老模式面临着种种困难。居家养老要求家庭成员投入大量的时间和精力，独生子女可能需要面对夫妻双方赡养 4 位甚至更多老年人的情况，很难有足够的时间和精力。智慧居家养老能够通过 5G 技术为乡村的老年人提供更加专业的服务并降低服务成本，在兼顾老年人精神需求的同时，不需要子女花费较多的时间和精力。而当前国内老年智慧产品的功能过于单一，操作过于复杂，不利于老年用户特别是文化程度低的乡村老年用户的使用。面对这些现实困境，我国智慧养老服务应该鼓励以居家养老服务为主，拓宽智慧养老服务的网络布局。

智慧居家养老是指社会为居住在家的老年人，提供养老服务以满足养老需求的一种服务形式。狭义的居家养老仅指上门入户服务，而广义的居家养老包括入户服务与户外服务。智慧居家养老产品分为硬件智能可穿戴设备、智能养老软件平台、智慧养老平台设施。智慧居家养老服务依托智能设备（如关爱智能腕表、一键通呼叫器、智能手机等）和 5G 技术，以老年人住所为基础，构建智能高效的家居设施（包括配套软、硬件）和养老服务体系。目前，国外居家养老智慧产品正处于高速发展之中，荷兰的护理机器人已可以完成简单的医护操作。国内通过为老年人佩戴智能手表的形式实现定位、日常生活、医疗急救、社区融合等养老服务的精准供给，老年人的子女亦能通过微信在第一时间掌握老年人的动向和信息。天津市通过开发智能电视、智能机器人、关爱智能腕表、一键通呼叫器等智能设备提供多项适合居家养老的服务。浙江省桐乡市乌镇启动"互联网+"养老服务试点工程，以物联智能设备为手段，通过安装门磁报警、红外线感应、SOS 报警等设备，将应急救助服务和健康检测服务延伸到老年人家里。这些实践经验为我国乡村智慧养老产品服务供给带来了很大的启示。

乡村智慧养老产品要结合最新的数据以及乡村居住方式的特点，积极探索保证乡村老年信息科技产品服务安全、高效和适老的技术创新模式。首先，配合智能腕表等移动设备，以及无线互联网、GPS 定位等信息科技手段，重视智慧养老产品的安全性能、适老特征以及质量水平。其次，将满足老年人刚需与个性化服务相结合，依靠现代信息技术手段，调研乡村老年人的产品需求，根据乡村不同用户的个性化需求，制定精准服务。最后，依托"互联网+"养老服务智能产品供给方式，加快技术创新，研发生产具有更强安全性、可靠性、实用性、操作便利的健康监测、呼叫报警、多功能可穿戴设备以及智能机器人等智能设备。

二、智慧机构养老服务

尽管居家养老是我国乡村传统的养老方式，但是随着老年人口规模的逐步扩大，家庭小型化以及家庭空巢化的发展趋势明显，未来的居家养老功能势必会逐渐弱化。机构养老是与居家养老相对应的社会养老方式，能对我国乡村养老方式起到重要的补充作用。但在现实的场景中，机构养老为老年人提供服务的时候却面临着各种现实的困境，如床位供给紧张、养老机构功能单一、康复护理能力薄弱等各种难题。相对于城市机构养老模式而言，乡村机构养老是以乡镇敬老院收住乡村"三无"老年人为主要形式，提供生活照料、康复护理等相对专业化的养老服务。由于养老服务工作细节繁杂、供给成本高，许多社会营利机构不愿开展养老服务相关工作，以致乡村地区民办养老机构极少，甚至部分地区没有建立任何养老服务机构。

乡村智慧机构养老服务是指居住在专业养老机构的老年人通过机构享受到各种专业服务，包括订餐送餐、清洁打扫、健康监测、预警提醒等。当前我国城市智慧养老机构发展得比较迅速，很多城市已经率先开启了智慧机构养老服务模式。湖北省武汉市的乔西社区智能养老利用互联网、移动通信网和物联网等信息化手段，为老年人提供专线服务，老年人足不出户就可预约洗衣、做饭、维修、理发等日常服务。

通过借鉴城市智慧机构养老及其产品开发的经验，未来我国乡村地区应从以下三个方面大力发展智慧机构养老产品：第一，鼓励养老服务机构应用基于5G技术的便携式体检、紧急呼叫监控等设备，将医疗服务与养老服务相结合，提供精神心理服务、生活照护服务、老年教育服务，以及医疗服务、大病康复服务、健康咨询服务、疾病医治服务、临终关怀服务等多重养护服务。第二，充分利用新型智能设备，即利用互联网和传感器等技术开发应用的智能化养老产品，如智能手环、健康管理服务设备、智能防走失定位、一键紧急呼叫器、智能座机、陪护机器人等多种终端设备，最终实现现代医疗卫生服务技术与机构养老保障模式的有效结合。第三，嵌入第三方专业机构，乡村智慧养老机构不单指养老机构的智能化，还包括医院药店、家政公司、旅游企业等各种相关的第三方机构。不同机构都能借助智能产品和网络平台为老年人提供专业化的服务，通过同其他主体的协调合作推动养老服务融合集成，实现养老服务多元化、整合性的供给样态。

三、智慧社区养老服务

加快推进乡村社区养老服务供给，是实施乡村振兴战略、促进城乡融合发展的基础一环，也是补齐民生短板，实现乡村高质量发展的核心要务。目前，社区养老在乡村养老服务模式中是一个较为模糊的概念。由于我国大部分乡村居民不理解社区养老理念，忽视了老龄人口的个人选择及思想价值观念，从而导致乡村地区养老服务机构参与率低、回报率低，以至于一系列乡村社区养老共同体构建工作无法得到有效开展。社区养老服务不是将老年人束缚在养老院或者敬老院，而是让老年人住在自己家中或者社区中享受养老服务。当前阻碍社区养老服务供给的关键是养老资源缺乏，其中最为明显的是社区养老产品的匮乏。

国外在社区智慧养老服务供给方面积累了一些经验。比如，日本非常重视信息技术运用于社区养老服务业，老年人的护理器械科技化程度很高，不仅有广播机器人、监督用药机器人、洗澡机器人等，还有神经逻辑治疗机器人，能够与人进行沟通交流。近年来，我国一些社区积极推进智慧养老服务体系建设，也取得了不错的成绩。

借鉴国内外经验，我国乡村社区养老产品应该从以下三个方面入手：第一，重点是搭建养老信息服务网络平台，提供健康管理、护理看护、康复照料等社区居家养老服务。当发现老年人突遇紧急情况或者有医疗救助需求时，及时对接医疗服务中心，实施专业救治。乡村医疗健康服务中心是老年人的"守护站"，它是由乡村社区专业的医务人员组成，主要为老年人解决健康问题。养老服务中心可以通过智慧养老平台对商家服务质量进行监督，对于服务质量良好，评价口碑良好的商家进行续标合作，对于服务质量较低的商家及时上报和处理。第二，加快提高乡村社区驿站产品供给，供给涉及便携式设备和自助式设备两类。便携式设备中的基层诊疗随访设备是指医护人员在基层诊疗随访中使用的集成式或分立式智能健康监测应用工具包。自助式设备主要指社会自助健康体检设备与智能健康筛查设备。这两类设备都可放置于社区或机构，便于居民开展自助健康指标监测。第三，积极探索研究适合各地乡村经济、社会、文化特点的本土化的智慧养老模式和产品，为老年人提供多方位的个性化和精细化养老服务。

第二节　搭建智慧养老服务平台

乡村智慧养老平台是在乡镇政府主导下，以资源整合为重点，融合移动互联网和物联网等技术手段，通过搭建信息共享系统、养老服务平台等应用，将居家养老、乡村养老等方式进行统一管理的综合性平台，旨在为老年人提供自我健康及生活管理，提高其健康水平和生活质量。在信息化、智能化的基础上，利用数字技术建设智慧养老服务平台，是构建智慧养老服务体系的关键。

一、构建"一体化"基础养老服务信息系统

乡村智慧养老服务平台的首要任务是对养老机构、老年人基本状况等信息进行收集、整理，以服务于养老服务系统的建设。乡村智慧养老服务信息系统是指乡镇政府及其干部依托 5G 技术、人工智能技术等方式对辖区范围内的养老服务机构、老年人数量及其基本状况等信息进行收集，并上传到信息系统，以方便养老信息的随时调用，便于与其他村社进行数据交换与对接，实时掌握养老服务信息。养老服务信息系统强调信息收集的有效性和精准度，同时注重信息的实时更新，以适应动态变化的乡村社会。

2021 年，为推进全国养老服务信息系统部署应用工作，民政部颁布了《民政部养老服务司民政部信息中心关于印发〈"金民工程"全国养老服务信息系统部署推广工作方案〉的通知》，召开了"金民工程"全国养老服务信息系统推进调度会，以加快组织养老服务机构进行信息录入，完善数据信息，提高采集信息的有效性和精准度。随后，广东、福建、江苏、陕西等地区相继推广"金民工程"全国养老服务信息系统工作方案，保障信息系统落到实处。供给端信息与需求端信息是养老所需信息的重要内容。"金民工程"强调的是供给端信息的录入，是对全国养老服务机构的全面把握。需求端则要求将老年人信息录入智慧养老服务平台，以

掌握其基本信息。

推动乡村智慧养老服务平台建设,有以下要求:第一,乡镇政府应积极与社会资本合作,充分利用数字技术搭建信息系统平台。如在供给端,强调互联网技术、传感技术、远程监控技术等的运用,实时掌握基本的养老服务信息。在需求端,借助人工智能技术,结合智能可穿戴设备、健康检测设备、行为监控系统等智能终端设备,将收集到的老年人信息上传到智慧养老信息系统中,通过计算分析,再将数据结果发送给老年人子女或者社区养老、医疗服务机构,发现异常时及时预警,并提供相应的服务。第二,注重专业信息采集、录用、检查等专业人员的培养与教育。相关技术的运用需要依靠工作人员,发挥工作人员在技术受限的状况下实现信息准确录入的重要作用。有一些老年人无法顺畅使用智能设备,这时候就要求有专业人员引导,通过与老年人沟通交流,获取相应的信息,满足养老服务信息系统的需要。

二、建立"互联网+"智慧养老综合服务平台

"互联网+"代表的是一种新的经济形态,指的是依托互联网信息技术实现互联网与传统产业的联合,以优化生产要素、更新业务体系、重构商业模式等途径来完成经济转型和升级。"互联网+"养老服务作为养老服务业的一种升级业态,是对传统养老服务业的改造升级,并基于养老服务供需双方与养老服务信息平台建立连接。乡村"互联网+养老"综合服务平台着眼于乡村社会老年人,秉承互联网开放、便捷、分享的理念,以物联网、大数据、人工智能等技术为支撑,将线上服务需求与线下服务机构对接,满足老年人需求。在平台建设上,主要运用互联网技术对养老服务机构、社区养老等进行整合、改造、升级,打造便捷迅速的养老综合服务平台。

养老综合服务平台在不同模式下有不同的表现形式。"互联网+"社区养老服务、居家养老服务、机构养老服务等模式,都强调供给端与需求端之间在信息交互下建立连接,通过综合服务平台,取长补短、深度融合,有效促进供需匹配,

优化养老服务资源的配置和整合。

乡村综合服务平台模式也不应局限于乡村老年人幸福养老院、养老机构等，可以适当探索居家养老、村庄养老、村内大户养老等模式，聚焦于乡村发展的现状，不断促进养老平台模式创新。同时与其他村社之间进行平台建设与发展的沟通和交流，依据本村实际情况，不断调整养老服务平台的功能。在综合性服务平台中始终要以老年人的基本需求为出发点，设计适合老年人使用的操作方便的智慧养老平台。此外，乡村智慧养老综合服务平台的建设不能仅停留在服务平台的数字建设上，还需要与线下养老服务相结合，及时关注老年人的线下生活需求，了解、掌握不同需求的本质，完善线上平台，提升养老服务水平和质量，统筹推进"互联网+"智慧养老综合服务平台的建设与发展。

三、建设"一站式"乡村智慧助老服务站点

基于乡村老年人基本需求建设乡村智慧助老服务站点是提高养老服务质量的必然选择，是呼应智慧养老服务体系、完善智慧养老平台建设的重要举措。智慧养老助老服务站点是以乡村为依托，面向乡村老年人，为老年人提供"一站式"服务的综合服务站点。"一站式"服务既包括对乡村老年人医养结合的专业照护，又涵盖家庭支持、文娱活动等全方位助老服务，侧重助老服务站点服务的全面、智能、便捷，从乡村数字技术嵌入角度出发，让乡村老年人享受数字技术带来的便捷服务，增强老年人对智慧养老的认同感。

乡村智慧助老服务站点的建设要求以乡村实际情况为前提，紧抓乡村老年人养老服务需求，重视智慧化设备的引入。首先，合理进行乡村智慧助老服务站点的选址。站点选址关系到乡村内老年人的参与积极性和主动性，站点太偏、选址不合理则不利于开展助老服务。站点选址应依据乡村辖区范围、老年人数量、地理环境等进行合理设置，尽可能惠及乡村所有老年人，无论是改建还是重建，都必须保障站点使用的安全性和持续性。其次，重视利用智慧养老信息系统和综合服务平台。智慧助老服务站点依托大数据掌握、管理乡村内老年人

的基本信息，同时通过智慧养老公众号、App 等实现与老年人的沟通交流。最后，加强对智慧助老服务站点的监督与管理，提升助老服务质量。要以老年人的切身体验为基准，考察助老服务设施情况、服务人员态度、站点服务供给等内容，根据老年人的反馈，不断完善智慧助老服务站点的功能，不断满足老年人群体多样化的需求。

四、创设"兜底性"乡村智慧养老保障系统

智慧养老服务平台的建设离不开保障系统的支撑和维护，乡村智慧养老保障系统是解决智慧养老平台后顾之忧的重要手段。乡村智慧养老保障系统是以智慧养老信息系统、综合服务平台、助老服务站点为依托，以乡镇政府、村社负责人等为行动者，涵盖其他维护乡村智慧养老日常运转的各要素组合。这一要素组合主要聚焦的是技术维护、资金支撑、人才保障，关注的是乡村智慧养老的"兜底性"服务。

第一，乡镇政府的政策支持。乡村智慧养老的便捷发展离不开政策引导，乡镇政府应依据智慧养老政策建设的重点和方向，不断调整乡村智慧养老的实际情况。

第二，财政支持。乡村智慧养老服务平台的建设与运营不仅需要上级政府拨款，还需要乡村本身不断扩充乡村智慧养老的资金来源，通过乡村集体产业、乡村老年人家属捐赠等方式保障平台运营的资金要求。

第三，技术保障。乡村集体可与相关的社会科技企业、公司签订合作协议，共同运营好乡村智慧养老服务平台，保障平台运营的高效高质。

第四，交流平台的建设。乡镇政府、乡村智慧服务工作人员、乡村老年人、科技企业之间应搭建一个互动交流的"点线面"平台，依托数字技术，加快信息的互通互达。

第三节　提升智慧养老服务能力

乡村智慧养老服务体系的建设与发展离不开高标准的服务质量。而提升乡村智慧养老服务的水平和质量，最重要的落脚点是乡村智慧养老服务能力的提升。这既涵盖对乡镇政府官员、乡村干部、养老服务专业人才的培养，同时又包括对老年人的智能教育。依托5G技术的培训教育可以使乡村智慧养老服务参与主体、乡村老年人更加熟悉智慧养老服务平台，更好地掌握智慧养老服务功能。具体来看，要提升乡村智慧养老服务能力主要应从以下几个要点出发：信息整合能力、智能应用能力、智能监管能力、智能教育能力、智能人才吸纳与培育能力。

一、优化信息整合能力，满足精细化需求

信息是数字技术运用的基础，信息整合能力的提升是乡村养老服务能力提升的重要前提。乡村智慧养老服务中的信息整合能力是指在智慧养老背景下，乡村智慧养老服务平台能够在正确的时间，以正确的方式，将平台信息传送给正确的老年人用户的综合能力。总体而言，信息整合能力的提升应注重从使用规范、数据整合、内容整合、过程整合等方面入手，全面把握乡村智慧养老服务中的各项信息，提升智慧养老服务能力。

第一，明确乡村智慧养老信息使用的标准化建设，形成运行规范。规范化的信息使用标准是推进智慧养老服务发展的基础，能够为智慧养老服务信息提供安全保障。而乡村由于缺乏这种标准化的行为规范，很多老年人信息容易被误用、滥用。因此，应尽可能地建立一个可依据的行为规范，以此作为信息使用的前提。这主要强调从信息的收集、录入、转存、连接等方面全方位地进行梳理，形成乡村智慧养老信息利用的全过程标准。

第二，强化对乡村智慧养老信息的数据整合。这一数据主要指的是乡村智慧

养老平台运营过程中存在的原始化数据，是对相关数据的进一步加工。这一信息整合关注的是对智慧养老服务平台的运营和维护，通过对平台的内部数据库进行整合，构建起适用于乡村智慧养老服务的专用数据库，保持相关应用软件数据一致。

第三，促进乡村智慧养老信息的内容整合。内容整合主要强调对一些电子表格、文本文件、图像、图表、报告等进行信息整合。将收集到的数据依照一定的标准进行分类，分别存入不同的内容管理系统，以供日后使用。这一整合着重关注外部数据进入智慧养老服务平台以后所进行的信息整合，通过分类化的信息管理，控制信息的发布和流转，全面掌控智慧养老服务平台的各个功能板块，提升智慧养老服务平台的运营水平。

第四，实现乡村智慧养老信息的过程整合。过程整合是在数据整合与内容整合基础上进行的，对整个信息的运行、收录、撰写等过程进行良好的维护，以实现智慧养老信息在过程中的有效利用。依据信息管理的相关准则，在智慧养老平台运行的实际过程中关注信息整合目标，在乡村智慧养老运转中把握有效信息，不断调整智慧养老平台，提升智慧养老平台信息的标准化、精细化。

二、增强智能应用能力，拓宽智慧养老适用场景

乡村智慧养老服务能力的提升离不开智慧服务养老功能应用能力的增强。智能应用能力是指在乡村智慧养老平台建设下，丰富智慧养老服务功能，满足乡村老年人多元化的生活、娱乐等需求，开发创新性的智能应用场景，提升智慧养老服务的能力。这一能力的提升要求从老年人的需求出发，通过数字化技术模拟智慧养老中多样化的服务内容，并在实践过程中不断完善发展。总的来说，要充分挖掘乡村老年人的独特需求，建立乡村老年人智慧养老应用清单，依托数字技术推进应用场景的运营与改进，提升乡村智慧养老智能应用能力。

打造智慧养老应用场景清单要求能够聚集养老服务资源，满足多层次、精细化的养老服务需求。首先，深入乡村老年人群体，了解多样化需求。这就要求养

老服务专业人员掌握乡村老年人的基本情况，能够充分归纳概括老年人需求的同质性，并形成系统的需求清单。这一过程可依托智能手表、监护设备等智能化方式实现，也可通过线下面对面的沟通交流获取信息。其次，构建并公布乡村老年人应用场景需求清单，满足多样化需求。乡村智慧养老工作人员应依托数字技术，将老年人多样化需求纳入平台建设，通过模拟实训、养老云端体验等功能，提升场景式养老服务能力。而需求清单的公布也能聚集乡村智慧养老发展建设的资源，除了正式资源外，还能鼓励乡村邻里之间的非正式资源，投入智慧养老发展建设，满足老年人多层次、多样化的需求。最后，要依据实际情况进行清单的更新换代。数字技术在乡村的蔓延也会改变老年人传统的简单需求，转而寻求更为丰富、宽泛的老年生活。因此，乡村智慧养老服务中心应形成老年人常规需求掌握机制与应用场景清单更新机制，满足老年人多样化的生活需求。

三、提升智能监管能力，保障智慧养老服务落到实处

智能监管能力旨在通过数字技术搭建监控平台，对乡村养老服务机构、养老服务过程、养老服务质量等方面进行全面管控。但乡村智慧养老服务体系的发展进程缓慢，相关技术设备、监管政策、基础设施不齐全，不利于全面了解乡村老年人享受养老的服务情况，同时也难以保障乡村养老服务体系的顺利推行。因此，要通过提升智慧养老服务中的智能监管能力，保障乡村养老服务机构的服务质量，推动乡村智慧养老服务平台的安全运营，提高乡村老年人参与智慧养老的获得感、幸福感、安全感。

提升智能监管能力要注重从以下两个方面入手：第一，充分利用数字技术搭建智能监管平台。乡村智能监管能力的提升要紧跟数字化转型发展的步伐，进一步将人工智能、大数据、物联网等信息技术与乡村智慧养老服务的现实情况相结合，强化线上、线下监管，充分保障乡村养老服务的落实。第二，扩充智能监管内容，实现养老服务全过程监督。其中除了对乡村养老服务站点、平台等的安全进行监管，通过数字技术实时掌握养老院包括一些人员安全、消防安全等在内的

基本情况外，还应注重资金监管，公开政府下放的补贴、村社投入的资金等使用情况，建立资金公布管理系统，实现资金使用的透明化。此外，对服务的监管也应纳入考量，通过对服务平台、人员、功能等进行全方位评价，定期收集相关信息，不断完善和改进养老服务。

四、提高智能教育能力，提升老年人智能技术应用水平

提升老年人智能技术运用能力是消除老年人面临的"数字鸿沟"，使其充分享受信息化发展成果的重要举措，也是提升智慧养老服务能力，保障智慧养老落到实处的重要步骤。乡村老年人对数字技术、信息服务、智能产品等新兴事物较为陌生，这也成为乡村智能养老发展的一大阻碍。因此，必须重视对乡村老年人的智能教育，以顺利推进乡村智慧养老。乡村老年人智能教育是依托数字技术，丰富老年人再教育的内容和方式，解决老年人运用智能技术的困难，提升老年人使用智慧养老服务平台的能力和水平，使其更好地享受智慧养老服务。

老年人教育尤其是老年人运用智能技术的培训能够提升老年人的智能设备应用水平和能力，以便智慧养老在各地的推行。

老年人智能教育能力提升的重点应放在对乡村老年人的智能应用需求、水平的了解和掌握上，为寻求适合乡村老年人的智能教育服务奠定基础。首先，从思想上增强老年人对智慧养老服务的接受度。乡村智慧养老服务各主体应大力宣传智慧养老产品，全方面介绍智慧养老的重要作用，并组织有兴趣的老年人学习信息技术，使老年人从内心真正接受智慧养老产品。其次，丰富智能设备应用教育的平台和内容，开展多样化、针对性的智能设备应用教学。乡村养老服务机构、乡村各服务组织等应依据本地区的实际情况，制定乡村老年人智能设备应用教育的培养计划，通过开展视频教学、体验学习、尝试应用、经验交流、互助帮扶等智能设备应用培训活动，增强老年人学习兴趣。最后，特事特办，开创老年人智能学习的特殊通道。依据乡村老年人的实际需要，对一些需要单独进行教育培训、技术指导的老年人开通特殊通道，实施个性化的智能设备应用培训，全面提升乡

村老年人智能设备应用水平。

五、强化智能人才吸纳与培育能力，促进养老服务专业化发展

乡村智慧养老服务能力的提升与智能人才的吸纳与培育息息相关。2022年第七次人口普查显示我国60岁及以上人口为2.6亿人，占比18.7%。而相关养老护理人员不到100万，这显示出我国养老服务的专业人才匮乏。并且，现有的养老服务整体素质较低，专业能力、服务水平等都难以满足老年人多元化的服务需求，尤其在数字技术推动养老发展的现状下，高素质专业人才的缺失难以使智慧养老体系实现正常运转，无法有效保障乡村智慧养老服务的推行。养老智能人才既要求相关工作人员有养老服务所需的专业技能，同时又能在5G技术发展的背景下把握新型养老技术的运用。因此，为适应现代化数字技术助推养老服务发展的需要，必须加快对智慧养老所需智能人才的吸纳与培育，以满足老年人多层次、多样化的需求，更好地为老年人服务。

养老服务业的发展应更加重视养老智能人才的培育。从人员培育上来看，应注重与高校开展智慧养老培训合作，从人才开发、评价体系、专业教育、市场培训等方面入手，打造一支数量充足、结构合理、素质优良的智慧养老专业化人才队伍。通过高校不断培育并输送出优秀的智慧养老专业人才，增加人员供给。同时注重对现有专业人才的培训，定期开展智慧养老服务经验交流会、知识分享会，不断扩充专业人员的技术知识，加强对智慧养老服务平台运营的了解，增强服务能力。从人员吸纳上看，要注重从乡村智慧养老的激励措施入手。利用提高乡村智慧养老服务人员的薪资水平、生活保障水平等方式，吸引优秀专业人才留在乡村，尤其注重乡村本土人才的吸纳，号召青年学子返乡服务，促进乡村智慧养老发展。此外，要注重与其他地区的养老服务人才的交流，通过不同专业人员的流动，形成新技术、新方式的知识库，提升乡村智慧养老服务水平。同时还可以从

老年人群体中挖掘可以培育的对象，使其掌握基本的智慧养老服务知识，充实养老服务队伍，缓解养老智能人才不足的问题。

第四节　创新智慧养老服务模式

当前智慧养老模式大概分为三种，即智慧社区养老模式、智慧居家养老模式和智慧机构养老模式。如何在不同的养老模式中取长补短，发挥家庭养老和社会养老的混合优势，将社区养老、社会养老和居家养老有效地结合起来，建立起多元化、多层级的乡村供养体系，是最主要的养老问题之一。目前，我国城市智慧养老服务体系建设有以下做法：上海市在"智慧养老"服务业方面采取的主要措施包括政府积极开展数字化转型，创新管理理念和方式，协同打造服务平台；社区重点建设示范应用场景，由"重技术"向"推场景"转变。安徽省合肥市庐阳区的"乐年长者之家"是我国智能养老物联网应用示范工程试点，运用移动互联网为城区养老服务提供信息化服务，庐阳区建立的"智慧养老"综合信息平台，有效构建了政府、社区、养老机构和社会公众之间的信息互联，实现了资源共享。

各地应在借鉴城市智慧养老模式经验的基础上，综合考量乡村地区的经济发展、基础设施、互联网普及度等多方面的影响因素，积极探索研究适合各地乡村经济、社会、文化特点的本土化的智慧养老服务。乡村养老服务的需求者是老年人，养老服务中介是一个强大的智慧养老平台。养老服务供给者是养老机构、社会组织、医院、家政服务中心等服务实体。因此，依托 5G 技术，未来乡村智慧养老服务在提供乡村养老产品、搭建养老平台以及提升养老服务能力的基础上，应该构建以"政府购买服务为主导、企业创业创新为依托、社会力量支持为辅助，居家、社区、机构相结合"的乡村智慧养老服务模式，以老年人需求为服务导向，以老年人信息数据为支撑，满足我国乡村老年群体的养老服务需求。

一、政府引领主导，推动互联网基础设施建设和人才培养

政府部门应当在推进乡村智慧养老模式过程中扮演好引领者、支持者和参与者的多重角色，但并非要包揽一切。政府需要研究如何使智慧养老服务模式有序顺畅开展的管理体制和机制问题，需要组织和协调社会资源等。首先，政府应该提供相应的政策支持。乡村智慧养老是一个复杂的系统工程，政府相关部门应该对于积极发展智慧养老服务业的地区和机构在研发智能设备、开展智慧养老服务推广宣传、有效运用互联网信息技术等方面给予一定的税收优惠、财政补贴等政策支持。此外，政府还需要加快统筹推进乡镇服务网点建设，完善产品"供给网"，打造数字技术与乡、镇、村三级智慧养老服务站点建设，打通乡村智慧养老服务的"最后一公里"。其次，政府应该注重培育专业智慧人才，加快与高等院校、医护专业职业学校、医院等机构合作。专业的医疗、保健、心理咨询等服务是乡村智慧养老服务所必需的。要扩大智慧养老人才培养的规模，注重培养智慧养老服务业应用型人才和智能设备研发的技术型人才，鼓励校企合作，充分利用不同院校的学科优势，开展交叉学科和研究领域的人才培养。不断完善智慧养老服务业人才培训体系，提高服务人员的综合素养和专业技术水平。

二、企业强化创新，落实乡村"包容性智慧"发展理念

智慧养老的质量和绩效不是取决于它有多复杂、多高级、多安全，其核心的评价指标应该是它是否足够方便、简单、智能、智慧，即老年人是否有兴趣、能否很便捷地找得到和使用好系统及功能，这些是建构智慧养老逻辑结构时应该重点筹划和优先考量的维度。因此，未来企业需要强化创新理念，提倡社会价值

与经济价值并重，切实为养老服务制造兼具智慧化、实用性和人性化的产品。另外，企业应该加快健康养老服务领域的智能技术升级，引导扩大适老化智能设备的应用，推进智慧健康养老应用系统集成，对接各级医疗机构及养老服务资源。企业还可以针对老年人不熟悉手机和计算机等终端，但是比较熟悉使用电视机的现实情况，将电视机作为数字化养老的技术平台，打造乡村智慧养老的数字化体系。

三、社会力量共同合作，促进"数字技术+养老服务"落地生根

"智慧养老"作为一种公共服务，离不开政府的统一规划，也离不开相关企业的服务创新，更离不开社会力量的参与合作。第一，依托社会力量发挥乡村社区养老共同体精神。运用互联网技术手段整合政府、养老服务机构、企业、医院、社区、养老服务公益机构和志愿组织等各方面的养老服务资源，可以实现养老服务资源的整体联动，实现信息的及时互通，可以及时合理调配服务资源，帮助老年人就近、从快解决困难，以应对和解决老年人的特殊养老服务需求。比如，当老年人突发疾病时，依托养老服务信息平台可以在第一时间把社区、养老服务机构、医院的资源整合起来，使其成为生命救援的重要组成部分。第二，鼓励相关企业与乡村养老服务管理中心合作，创新养老服务方式。比如乡镇理发店可以接入居家养老服务信息平台，为老年人提供上门理发服务；村镇药店、社区超市等都可以接入居家养老服务信息平台，为老年人提供多种多样的上门服务，从而实现老年人便捷养老和企业盈利的"双赢"。

四、优化养老服务系统，发挥"三位一体"的养老服务效果

构建居家、社区、机构相协调的养老服务体系，是"十四五"规划明确提出的目标。第一，加快贯通联结智慧养老服务系统，乡村智慧居家养老的功能结构可以嵌入并整合智慧社区养老、智慧机构养老的部分功能，从而构筑综合性的智慧"居家+社区+机构"养老服务体系。第二，利用5G移动通信网络、云计算、物联网、智能养老终端等，构建"智能养老"综合信息服务平台和各类数据库系统，将老年人、社区、医疗机构和医护人员联系起来。构建"三位一体"模式，实现乡村养老综合服务运营模式的全面发展，把居家养老服务做大，把社区养老服务做活，把机构养老服务做精，把支撑做强，切实为乡村老年人提供普惠型社会养老服务。

优化养老服务体系既是积极应对人口老龄化的客观需要，也是为了适应信息社会发展潮流和响应国家推动社会治理体系和治理能力现代化的战略要求的主观选择。建构智慧型养老服务体系既是我国养老服务体系优化的理想目标，也是居家、社区、机构养老模式相互融合和集成发展的方向。以数字技术为核心的智慧养老作为信息时代的利器，将在应对"老有所养、老有所依"时发挥重要作用，在老年人惯有的空间范围之中融入"智慧"新思维与新措施。数字技术和互联网的新思想、新思维，为政府落实政策和执行监管，为企业提供专业服务并接受监督提供了直接的、可视的、即时互动的管理监督方式，同时也为政府制定政策提供了大数据的支持。线上信息化的管理加上线下的人对人的服务和监督，使乡村养老服务从随意性、碎片化转向专业性、系统化发展。此举有助于突破以往政府养老一元模式，真正建立起具备智慧性、先进性、丰富性和有效性的智慧养老新模式，打造科技与温度交融碰撞的智慧养老"乡村样板"。

第七章 5G 技术促进乡村环境保护

第一节 5G 技术在乡村环境监测与治理中的应用

一、5G 技术在乡村环境监测中的应用

（一）空气质量监测

1.实时监测数据采集

实时数据采集在现代科技发展中扮演着重要角色，特别是通过 5G 技术实现的实时数据采集，为各行各业带来了许多便利和创新。其中，空气质量传感器的实时数据采集尤为重要。特别是对于乡村地区来说，实时数据采集有助于有效监测空气污染情况，为环境保护和居民健康提供有力支持。

空气质量传感器的实时数据采集可以提供准确的空气污染监测结果。通过 5G 技术实现的实时数据传输，空气质量传感器可以及时、高效地采集环境中的各项数据指标，如 PM2.5、PM10、二氧化硫、一氧化碳等，实现对空气质量的全面监测和分析。这样，有关部门可以及时发现空气污染问题，采取相应的措施进行治理和改善。实时数据采集有助于科学评估环境质量。对实时采集的空气质量数据进行分析和比对，可以评估环境中各种污染物的浓度和分布情况，了解空气质量的变化趋势和影响因素。这样的科学评估可以为环境保护决策和政策制定提供可

靠的数据支持，推动乡村地区环境保护工作向更加科学化、精准化的方向发展。

实时数据采集也面临一些挑战和问题。第一，传感器的准确性和稳定性。空气质量传感器需要具备高度的准确性和稳定性，以便能够在复杂的环境条件下准确地采集和传输数据，否则就会影响监测结果的可信度和有效性。第二，数据传输和处理的安全性和隐私保护。实时数据采集和传输需要采取有效的安全措施，保护数据的安全性和隐私性，防止数据被恶意篡改或泄露。

实时数据采集还需要考虑设备的维护和管理问题。传感器设备需要定期进行维护和检修，确保其正常运行和性能稳定。有关部门需要建立完善的数据管理系统，对采集的实时数据进行存储、分析和应用，实现对数据的有效管理和利用。

2.网络数据传输

5G网络的高速率特点为网络数据传输提供了有力支持。相比传统的通信网络，5G网络具有更高的传输速度和更低的时延，可以实现大规模数据的快速传输。对于空气质量数据这类需要实时监测的信息，5G网络可以保证数据能够及时、准确地传输至监测中心，使得监测响应更加迅速和有效。

网络数据传输还可以实现数据的实时监测和分析。监测中心可以实时获取通过5G网络传输采集到的空气质量数据并进行分析处理。这种实时监测和分析有助于发现空气质量异常，及时预警并采取相应措施，保障乡村居民的健康和安全。实时数据的监测分析也有利于对空气质量变化趋势进行分析和预测，为环境保护决策提供科学依据。

网络数据传输还可以实现数据的远程访问和共享。利用5G网络传输空气质量数据至监测中心后，这些数据可以被多个部门或机构实时访问和共享。这种远程访问和共享方式有助于加强各方之间的信息沟通和合作，促进资源共享和协同工作，提升数据利用效率和数据处理能力。

（二）水质监测

1.远程水质监测

远程水质监测是一项利用现代技术实现对水域水质实时监测的重要工作。其中，5G技术作为一种高速率、低时延的通信技术，能够有效地连接水质传感器，实现对乡村水域水质情况的实时监测。这项技术对于保护水资源、预防水质污染、提升乡村环境质量具有重要意义。

相比传统的通信技术，5G 网络具有更快的传输速度和更低的传输延迟，能够实现对水质监测数据的实时传输和处理。这意味着监测人员可以随时随地获取水质监测数据，及时发现水质异常情况，从而采取及时有效的措施保护水资源。

水质监测涉及大量的数据采集和传输，传统网络可能存在数据丢失或信号不稳定的问题，而 5G 网络具有更强的数据处理和传输能力，能够确保监测数据的完整性和准确性。这为监测人员提供了更可靠、更全面的数据支持，有助于准确评估水质状况和进行科学决策。

5G 技术的远程控制功能可以实现对水质监测设备的远程管理和调控。监测人员可以通过 5G 网络实时监控水质传感器的工作状态，远程调整监测参数和采集频率，优化监测方案和数据采集策略。这种远程控制功能不仅提高了监测设备的运行效率和稳定性，还为监测工作的科学性和实用性提供了更好的保障。

5G 技术的智能化应用也有助于提升水质监测的精准度。人工智能和大数据分析技术可以实现对水质监测数据的智能识别和分析，发现隐藏的水质问题和趋势变化，预测水质变化趋势，及时采取措施防范水质污染事件的发生。这种智能化应用能够更好地服务于乡村水质管理和环境保护工作。

2.水质监测数据分析

水质监测数据分析结果可以为乡村环境保护决策提供科学依据和支持。水质监测数据分析是环境保护的关键环节。对水质监测数据进行深入分析和研究，可以获取有关水体环境质量、污染来源、污染程度等方面的重要信息，为乡村环境保护决策提供科学依据和支持，推动环境质量的改善和保护工作的开展。

水质监测数据分析结果可以帮助识别和评估乡村水环境的现状和问题。对水质监测数据进行分析，可以了解水质指标的变化趋势、异常情况等，识别出水环境存在的污染源、污染物种类及浓度等信息，评估水体的环境质量状况。这些信息对于制定乡村水环境保护政策具有重要指导意义，能够帮助决策者全面了解水环境问题的严重程度和影响范围，有针对性地采取有效的环境保护措施。

水质监测数据分析结果可以揭示水环境污染的来源和传播途径。对监测数据进行分析，可以确定水体受到的主要污染物种类和来源，分析污染物的传播途径和扩散规律，揭示污染事件的时空分布特征。这些信息对于制定有针对性的污染防治策略具有重要意义，能够帮助决策者找出污染源头，有效防止污染物的进一步扩散和影响，保护乡村水环境的稳定性。

水质监测数据分析结果还可以评估环境保护措施的效果和成效。对监测数据进行比对分析，可以评估环境保护政策和措施的实施效果，了解环境保护工作的进展和成果。这对于及时调整和优化环境保护政策和措施具有重要意义，能够帮助决策者发现问题、解决问题，提高环境保护工作的效率和效果，实现环境质量的持续改善和保护。

水质监测数据分析结果还可以为乡村环境保护决策提供科学依据和支持。水质监测数据分析结果可以为决策者提供决策参考和依据。这对于制定科学合理的环境保护政策和措施，确保决策的科学性和有效性具有重要意义，有助于提高环境保护工作的决策水平和执行力度，推动乡村环境质量的不断改善和提升。

二、5G 技术在乡村环境治理中的应用

（一）远程污染源监测

远程污染源监测是利用现代科技手段对乡村环境中的污染源进行实时监测和控制的重要举措。利用 5G 技术连接污染源监测设备可以实现更高效、更精准的监测与管理，为改善乡村环境质量提供有力支持。

远程污染源监测需要充分利用 5G 技术的高速率和低时延等特点。5G 网络的大带宽和低时延可以实现监测数据的实时传输和处理，确保监测数据的及时性和准确性。利用 5G 网络连接监测设备，可以远程监测污染源的排放情况、污染物浓度等关键信息，及时发现问题并采取措施，减少环境污染的风险。

远程污染源监测需要建立完善的监测设备和系统。监测设备需要具备高灵敏度、高精度的监测能力，可以实时采集环境数据并进行分析处理。远程污染源监测需要建立可靠的数据传输和存储系统，确保监测数据的安全性和完整性，防止

数据丢失或被篡改。这些设备和系统的建立对于实现远程污染源监测至关重要。

　　远程污染源监测还需要注重数据分析和预警机制的建立。对监测数据进行深度分析和挖掘，可以发现环境污染的潜在问题和趋势，为制定针对性的环境保护措施提供科学依据。远程污染源监测还需要建立预警机制，及时向相关部门和人员发送预警信息，提醒他们关注污染源的变化和可能存在的环境风险，及时采取应对措施，最大限度地减少环境损害。

　　远程污染源监测还需要注重与当地政府和乡村居民的合作与共建。政府部门可以提供政策支持和资金支持，推动监测设备的安装和运行；乡村居民可以参与监测数据的收集和分析，增强对环境问题的认识。

（二）智能治理方案

　　智能治理方案是一种基于实时监测数据和大数据分析的创新性举措，旨在提高污染治理的效率和质量。传感器、互联网、人工智能等现代技术手段有助于实现对环境污染情况的实时监测和分析，从而及时发现问题、精准定位、科学应对，为环境治理提供更加科学、智能的解决方案。

　　智能治理方案的核心在于对实时监测数据的采集和分析。借助先进的传感器和监测设备，有关部门可以实时获取环境污染物的浓度、分布情况、变化趋势等数据，构建起对环境状态的全面了解。利用大数据分析技术对这些数据进行深入分析，可以发现隐藏在数据背后的规律和趋势，为制定科学有效的治理方案提供数据支持和依据。

　　智能治理方案还包括基于大数据分析的智能决策和预警机制。对监测数据进行实时分析和比对，可以及时发现环境异常情况和潜在问题，触发预警机制，提示相关部门和人员采取相应的应对措施。当监测数据显示某个区域的空气质量达到严重污染标准时，系统可以自动发出预警，以防止污染进一步扩散。

　　智能治理方案还可以通过智能化技术手段实现治理的精准施策。传感器技术和智能控制系统可以实现对污染源的自动检测和控制，及时调整生产过程或减少排放，达到降低污染的目的。人工智能技术可以分析大数据，制定智能化的治理方案，例如根据大数据分析结果优化工业生产排放等，实现环境治理的精准化和高效化。

智能治理方案需要跨部门、跨行业协同。环境污染治理涉及多个部门和领域，需要各方共同参与、协同合作。建立智能化的数据共享平台和协同工作机制，可以实现对监测数据、治理方案、实施效果等信息的实时共享和交流，促进各方合作，提高环境治理的整体效果和效率。

（三）智能生态修复

生态环境修复是当前备受社会关注的问题之一，乡村地区的生态环境修复和改善尤为重要。在此背景下，智能生态修复应运而生，即以实时监测数据为基础，制定智能化的生态修复方案，并采取相应的措施来恢复和改善乡村的生态环境，这对于实现生态保护与可持续发展目标具有重要意义。

智能生态修复方案的制定需要依托实时监测数据的精准收集和分析。传感器等设备能够实时监测土壤质量、植被覆盖、水质状况等关键指标，提供准确的生态环境数据。这些数据不仅可以反映乡村地区的生态现状，还能发现存在的问题和潜在的风险。基于这些数据，有关部门可以制定针对性强、科学合理的智能生态修复方案，从而有效提升修复效率和成效。

智能生态修复需要采取合适的措施来恢复和改善乡村生态环境，包括但不限于植被恢复与保护、水土保持、湿地建设与修复等多方面的措施。在植被恢复方面，可以通过植树造林、草坪绿化等方式增加植被覆盖率，提高土壤保水保肥能力；在水土保持方面，可以修建护坡、梯田等设施，防止水土流失和地质灾害的发生；在湿地建设方面，可以修复湿地生态系统，增加生物多样性，改善水质和水资源利用效率。

智能生态修复方案的推广和普及也需要充分考虑当地乡村居民的参与和支持。有关部门可以通过开展生态环境宣传教育、组织环境保护志愿活动等方式，提高乡村居民对生态修复工作的认识，鼓励他们积极参与生态修复工作，共同推动乡村生态环境的改善和保护。

第二节　5G技术助力乡村可再生能源利用

一、5G技术助力能源监测管理

（一）数据分析与预测模型

大数据分析和人工智能技术能够构建能源利用的预测模型，从而对能源设施的故障风险和运行效率进行预测，以便及时做出相应的调整和优化。

5G技术的高速率和低时延等特点可任意为能源管理中心提供强大的数据支持。大数据分析需要处理大量的数据，而传统的通信网络可能无法满足数据传输的需求。借助5G技术，能源管理中心可以快速、稳定地获取能源设施的实时数据，包括设备运行状态、能源消耗情况等，从而为构建预测模型提供充足的数据基础。

利用大数据分析和人工智能技术构建的预测模型可以实现对能源设施的故障风险和运行效率进行准确预测。通过对历史数据的分析和学习，预测模型可以识别出设备可能存在的故障风险因素，并预测出设备可能出现故障的时间窗口，从而及时采取预防性维护措施，降低设备故障率，提高设备运行的可靠性和稳定性。预测模型还可以分析运行效率的变化趋势，及时发现并解决影响运行效率的问题，提高能源利用效率。

基于5G技术的实时数据传输和大数据分析，预测模型可以实现动态调整和优化。一旦预测模型发现故障风险或运行效率下降的情况，能源管理中心可以及时做出相应的调整或采取优化措施，比如调整设备运行参数、增加维护保养频次等，以保障能源设施的正常运行和能源利用效率的最大化。

（二）远程维护和优化

远程维护和优化是当前能源管理的重要方向之一。基于预测模型的分析结果，能源管理中心可以实现对乡村能源设施的远程监控、维护和优化，从而提高设施的运行效率和稳定性。远程维护与优化不仅可以减少人力资源和时间成本，还可以提高设施的整体运行水平，为乡村能源管理带来更加智能化和高效化的解决方案。

1.对能源设施的实时监控和故障预警

通过预测模型的分析结果，能源管理中心可以实时监测能源设施的运行状态和性能参数，及时发现设备异常和潜在故障，预测可能出现的故障风险，提前采取维护措施，避免设备运行中断或损坏，保障设施的稳定运行。这种实时监控和故障预警能力有助于降低维护成本，提高设备运行的可靠性和持续性。

2.对能源设施的远程控制和调整

基于预测模型的分析结果，能源管理中心可以远程调整能源设施的运行参数和工作模式，优化设备运行策略，提高能源利用效率和节能效果。例如，在能源需求较低的时段降低设备运行负荷，在能源需求高峰期增加设备运行效率，通过远程控制和调整实现对能源设施的智能优化管理，为乡村能源提供更加稳定和高效的供应。

3.对能源设施的预防性维护和定期检查

通过预测模型的分析结果，能源管理中心可以制订定期的设备维护计划和检查计划，提前发现设备潜在故障和问题，进行预防性维护，延长设备使用寿命，减少设备损坏和停机时间，提高设施的可靠性和稳定性。这种预防性维护和定期检查有助于降低维护成本，提高设备的整体运行效率。

4.对能源设施的远程诊断和故障排除

基于预测模型的分析结果，能源管理中心可以远程诊断设备故障原因，采取远程故障排除措施，快速解决设备故障，减少设备停机时间，提高设施运行的稳定性和可用性。这种远程诊断和故障排除有助于提高设备的故障处理效率，缩短故障处理时间，保障设备运行的连续性和稳定性。

（三）远程监测

远程监测技术在乡村可再生能源设施的监控与管理中具有重要意义，而利用5G技术连接智能监测设备实现远程监测更是一种创新和进步。远程监测设备可以实现对乡村可再生能源设施的实时监测，包括对发电量、运行状态等数据的实时采集，为乡村可再生能源的管理提供科学依据和支持。

远程监测技术的应用可以为乡村可再生能源设施的管理带来便利。传统的监测方式往往需要人工巡检，耗费人力、物力，而且无法实现全天候的监测。而智能监测设备可以实现远程监测，不受时间和空间限制，随时随地获取设施的运行数据。这样，能源管理中心可以及时发现设施的运行问题、异常情况，提高设施的运行效率和可靠性，降低运维成本，促进可再生能源的可持续利用。

远程监测技术的应用可以实现对乡村可再生能源设施运行状态的实时监控和分析。智能监测设备可以实时采集设施的运行数据，如发电量、功率、转速等关键指标。这些数据可以实时反馈到监测平台上，并通过数据分析和处理，发现设施的运行问题，预测设施的运行状态，提前进行维护和保养，确保设施的正常运行，提高能源利用效率和经济效益。

远程监测技术的应用还可以实现对乡村可再生能源设施的智能化管理。智能监测设备可以远程控制和调节设施，如远程开关机、调整功率等。这样，智能监测设备可以根据实时监测数据进行智能化调控，优化设施运行模式，提高发电效率，降低能源浪费，实现对可再生能源的智能管理和优化利用。

远程监测技术的应用还可以实现对乡村可再生能源设施的故障诊断和远程维修。通过实时监测设备采集设施运行数据，能源管理中心可以及时发现设施的故障和异常情况，并通过远程诊断技术进行故障分析和定位，提供远程维修指导，减少维修时间和成本，提高设施的可靠性和稳定性。

二、5G 技术助力智能能源应用

（一）能源储存与调配

1.智能能源储存系统

智能能源储存系统的建立是当今能源领域的一个重要发展方向。该系统能够将乡村可再生能源进行智能化储存，以备不时之需，从而提高能源利用率，减少能源浪费。

结合 5G 技术建立的智能能源储存系统可以实现能源储存和调度的智能化管理。5G 技术的高速率和低时延等特点可以实现能源数据的快速传输和处理，使得智能能源储存系统能够及时获取乡村可再生能源的产生情况、需求量等信息，进行精准的调度和优化，实现能源的高效利用和分配。

智能能源储存系统的建设需要充分考虑到乡村可再生能源的特点和需求。乡村地区通常具有分散、间断的能源产生特点，因此智能能源储存系统需要具备灵活性和适应性，根据实际情况进行能源储存和释放，最大限度地利用可再生能源，减少对传统能源的依赖。

智能能源储存系统的建设需要注重技术创新和设备升级。采用先进的储能设备和技术，如锂电池、超级电容器等，可以提高能源储存的效率和稳定性，延长储存周期，减少能源损失。结合人工智能、大数据等技术，智能能源储存系统可以实现对能源数据的智能分析和预测，提前制定合理的能源储存策略，更加有效地利用可再生能源。

智能能源储存系统的运营管理需要注重能源供需平衡和安全保障。智能能源储存系统应具备实时监测和预警功能，及时发现能源储存和释放过程中可能出现的问题和风险，采取相应的措施进行调整和应对，保障能源系统的稳定运行和安全性。智能能源储存系统还需要建立完善的能源市场机制，鼓励和支持乡村地区的可再生能源开发，促进能源供需平衡和经济可持续发展。

智能能源储存系统的推广应用需要充分考虑乡村地区的实际情况和需求。智能能源储存系统的设计和部署方案应根据当地的能源资源特点和需求量身定制，确保系统的适用性和可操作性。当地政府还可以通过政策扶持和技术培训等方式，推动智能能源储存系统在乡村地区的广泛应用，为乡村地区的可持续发展提供更加可靠和高效的能源保障。

2.智能能源调配系统

智能能源调配系统是一种利用 5G 技术实现对能源智能调配的系统。智能能源调配系统通过实时监测能源的需求和供应情况，结合人工智能算法和大数据分析，实现对能源的合理分配和调控，旨在提高能源利用效率，减少能源浪费，推动能源可持续发展和节能减排。

智能能源调配系统的关键在于实时监测能源需求和供应情况。利用 5G 网络的高速率和低时延等特点，智能能源调配系统可以实现对各类能源设备的实时监控和数据采集，包括电力系统、风电光伏等能源设备等。通过监测能源消耗情况、能源生产情况及外部环境因素，智能能源调配系统可以准确获取能源需求量和供应情况，为后续的能源调配提供数据支持和依据。

智能能源调配系统还涉及能源调控的智能化算法和策略。通过大数据分析和人工智能技术，智能能源调配系统可以对实时监测数据进行深度分析和处理，识别出能源供需的变化趋势和规律，制定相应的调配方案和控制策略；可以根据实时监测的数据，预测未来能源需求量，调整生产计划，合理安排能源供应，避免能源过剩或不足的情况发生，提高能源利用效率。

智能能源调配系统还可以实现对能源设备的远程控制和管理。通过 5G 网络连接能源设备和智能调控中心，智能能源调配系统可以实现远程监控和远程操作，及时调整能源设备的运行状态和工作模式，以适应实时的能源供需情况。智能能源调配系统可以通过远程控制调整设备运行参数，提高运行效率，也可以利用远程调控系统的能源供应方案，优化能源分配，减少能源浪费。

智能能源调配系统还可以结合能源储存技术，实现能源的灵活调度和优化利用。结合储能电池技术，智能能源调配系统可以在能源供大于需的时候将多余的能源储存起来，以备不时之需；在能源需大于供的时候，从储能系统中释放能源，保障能源供应的稳定性和可靠性。这种能源储存技术的应用可以更加灵活地应对能源波动和变化，提高能源利用的灵活性和适应性。

需要注意的是，在利用 5G 网络进行能源调配的过程中，要确保能源数据的安全传输和存储，防止数据泄露，抵抗攻击风险。因此，智能能源调配系统需要采取加密传输、访问控制等技术手段，保障能源调配系统的安全性和可靠性，同时遵守相关法律法规，保护用户的数据隐私。

（二）智能微网建设

智能微网是指基于现代信息通信技术和能源互联网技术构建的小规模、高度智能化的能源系统。随着科技的不断发展，人们对能源安全、高效利用的需求越来越迫切，而智能微网的建设正是应对这一需求的重要举措。基于 5G 技术的智能微网建设尤为重要，它能够实现乡村各个能源设施之间的互联互通，为乡村地区提供一个能源自主、安全、高效的微网系统。

智能微网的建设对于乡村地区具有重要意义。它能够实现能源的自主供应。在过去，乡村地区常常面临着能源供应不稳定的问题，智能微网可以使乡村地区不再完全依赖于中心化的能源供应，而是能够利用当地的可再生能源，如太阳能、风能等，通过微网系统进行自主供应。这样不仅能够提高能源的可靠性，还能够降低能源运输损耗，减少能源浪费，实现能源的高效利用。

智能微网的建设有助于提升能源系统的安全性。传统的能源系统往往存在单点故障的风险，一旦出现故障，就会导致大面积的能源供应中断，给社会生产生活带来严重影响。而智能微网采用分布式能源供应和多能源互联互通的方式，能够有效地避免单点故障的发生，提高能源系统的抗干扰能力。即使在极端情况下，部分能源设施出现故障，整个微网系统仍能够保持运行，确保能源供应的连续性和稳定性。

智能微网的建设可以实现能源的高效利用。传统的能源系统存在能源浪费的问题，例如在能源传输和分配过程中会产生大量的能量损耗，而智能微网采用先进的能源管理技术和智能化的能源调度系统，能够实现能源的精准匹配和动态优化，最大限度地减少能源的浪费，提高能源的利用效率。智能微网还能够实现能源的多样化利用，灵活应对能源供需的变化，为乡村地区提供更加灵活、可靠的能源服务。

智能微网的建设有助于推动乡村地区的可持续发展。能源是现代社会发展的基础和动力，而智能微网的建设可以为乡村地区提供稳定、可靠、高效的能源供应，为乡村产业发展提供有力支撑。智能微网采用的是清洁能源和可再生能源，有利于减少对传统化石能源的依赖，降低碳排放，保护环境，促进乡村地区的生态建设。因此，智能微网的建设不仅能够满足乡村地区日益增长的能源需求，还能够促进乡村经济的持续健康发展，实现经济效益、社会效益和环境效益的统一。

第三节　5G 技术与乡村生态保护

一、生态监测网络的建设与应用

（一）生态监测网络的覆盖扩展

利用 5G 技术，生态监测网络的覆盖范围不仅可以延伸至城市地区，还能够辐射到边远乡村地区，从而实现更大范围的生态环境监测。这一突破性的进展不仅将对环境保护和生态平衡的维护起到至关重要的作用，也将为乡村地区的发展和生态的改善提供有力支持。

传统的生态监测网络往往只覆盖城市或者工业区域，而边远乡村地区往往因为地理位置偏僻、交通不便等原因而缺乏有效的监测手段。通过 5G 技术，监测设备可以实现远程监控和数据传输，不受地理位置和距离的限制，从而使得监测网络的覆盖范围得到大幅扩展。这样一来，人们就可以更加全面地了解乡村地区的生态环境状况，及时发现和解决环境问题，有效保护和维持乡村地区的生态平衡。

传统的生态监测网络往往存在数据传输速度慢、实时性差等问题，难以满足对环境变化的快速响应和精准监测的需求。而通过 5G 技术，监测数据可以实现实时传输和处理，数据延迟大大降低，监测结果更加及时准确。这样一来，人们就可以更加及时地发现环境问题的发生和变化，采取相应的措施进行调整和应对，有效防止环境问题的扩大和恶化，保障乡村地区人们的生活安全和健康。

（二）传感器网络建设

在当今迅速发展的科技时代，传感器网络建设是生态环境监测和管理领域的重要技术手段。利用 5G 技术构建生态环境传感器网络，不仅可以实现对土壤湿度、气温、水质等指标的实时监测，还能够为农作物种植和环境保护提供精准的数据支持，为实现可持续发展目标做出重要贡献。

传感器网络建设可以为实现对生态环境的全面监测提供技术保障。在过去，传统的生态环境监测往往依赖少量固定位置的监测站点，无法实现对整个区域的全面监测。而传感器网络建设通过将大量的传感器节点分布在需要监测的区域内，实现对生态环境各个细节的实时监测。这些传感器节点可以监测土壤湿度、气温、水质等多个指标，将监测数据传输到数据中心或云端平台，从而实现对生态环境的全面、立体式监测，为环境保护和管理提供更为全面的数据支持。

5G 技术的应用可以为传感器网络建设提供更高效、更稳定的通信支持。传感器网络需要传输大量的数据，而传统的通信技术往往无法满足大规模、高频率的数据传输需求。5G 技术具有高速率、低时延等特点，能够实现对大规模数据的快速、稳定传输，为传感器网络的建设提供强有力的技术保障。通过 5G 技术，传感器节点可以实时将采集到的数据传输到数据中心或云端平台，实现对生态环境的实时监测和分析。

传感器网络建设还可以为环境保护提供重要的数据支持。传感器网络可以实时监测水质、空气质量等环境指标，及时发现环境污染事件，为环境保护和治理提供科学依据。通过实时监测水质，相关部门可以及时发现水体污染事件，采取相应的措施进行水质治理，确保水资源的安全。通过监测空气质量，相关部门可以及时预警空气污染事件，采取措施减少空气污染物的排放，确保大气环境的清洁。

（三）高精度数据采集

5G 技术的高速率和低时延等特点使环境监测数据的高精度采集成为可能，助力人们更为准确地了解和把握乡村生态系统变化。在当前全球生态环境日益严峻的形势下，深入了解和及时应对乡村生态系统的变化显得尤为重要。因此，通过高精度数据采集技术，人们能够更全面地把握乡村生态系统的状态，并基于这些数据采取有效的保护和修复措施。

5G 技术的高速率、低时延等特点使得环境监测数据的采集更加实时和准确。在环境监测领域，时延是一个极为关键的指标，尤其是对于那些需要实时监测的情况而言。传统的通信技术往往存在较高的时延，无法满足对数据实时性的要求。而 5G 技术以其毫秒级的低时延特点，能够实现对环境监测数据的实时采集和传输，使得人们能够及时获取最新的数据，从而更加准确地了解乡村生态系统的变化情况。

5G 技术还具备高可靠性和稳定性，能够保障环境监测数据采集的持续性和稳定性。在乡村地区，由于地形复杂和基础设施落后等原因，传统的通信技术往往面临信号覆盖不足、通信中断等问题，导致数据采集不稳定。而 5G 技术具备覆盖范围广、信号稳定等优势，能够有效解决这些问题，从而保障环境监测数据的稳定采集，为人们提供持续、稳定的数据支持。

5G 技术还具备高安全性和隐私保护能力，可以为环境监测数据采集提供可靠的保障。随着信息技术的发展，数据安全和隐私保护越来越受关注。而 5G 技术具备先进的加密技术和认证机制，能够有效保障数据的安全性和隐私性，防止数据被恶意篡改和泄露，保障环境监测数据的完整性和可信度。

（四）监测数据分析与预警系统

监测数据分析与预警是环境保护和生态管理领域的重要组成部分。结合 5G 技术，对采集到的生态监测数据进行实时分析和处理，不仅能够提高数据处理的效率和准确性，还能够建立起更加完善的生态预警系统，及时发现并应对生态环境问题，从而实现对生态环境的有效保护和管理。

5G 技术的高速率和低时延等特点可以为监测数据分析与预警系统的建立提供强大支撑。传统的数据传输技术往往存在传输速度慢、时延高等问题，导致监测数据无法及时传输和处理，影响了预警系统的实时性和准确性。而 5G 技术具备低时延和高带宽等特点，能够实现对大规模监测数据的快速传输和实时处理，为建立起高效可靠的生态预警系统奠定坚实的技术基础。

结合 5G 技术的监测数据分析与预警系统能够实现对生态环境变化的及时监测和分析。监测数据分析与预警系统通过实时采集和传输监测数据，结合数据分析算法和模型，对生态环境的各种指标进行实时监测和分析，如监测和分析空气质量、水质污染、生物多样性等。一旦监测数据发生异常，系统可以立即发出预警信号，提醒相关部门和群众注意并采取相应的措施，从而及时防范和应对可能出现的生态环境问题，保护生态环境的安全和稳定。

5G 技术还能够实现对监测数据的大数据分析和挖掘，为生态预警系统提供更为深入和全面的数据支持。利用大数据分析技术，人们可以对历史监测数据进行深入的挖掘和分析，发现生态环境变化的规律和趋势，为预警系统的预测和预警提供科学依据。通过对监测数据的实时分析，人们可以发现生态环境中的潜在风险和隐患，及时采取措施加以解决，避免生态环境问题的扩大和恶化。

结合 5G 技术的监测数据分析与预警系统还能够实现对生态环境的智能化管理和优化。通过与人工智能和物联网技术的结合，监测数据分析与预警系统可以实现对生态环境的自动监测和控制，提高监测数据的准确性和实时性，同时还可以实现对环境治理设施的智能化控制和管理，提高治理效率和效果。这将为生态环境的保护和管理提供更加全面、精准的技术手段和管理模式，为建设美丽中国、实现可持续发展贡献力量。

二、生态补偿机制

生态补偿机制作为一种新型的生态保护模式，是当前生态保护的一个重要创新点。通过借助 5G 技术的远程监测和数据分析，生态补偿机制能够为农民提供生态保护和生态补偿，从而激励他们积极参与生态建设。这种模式的探索不仅可以为保护生态环境提供新思路，也能为乡村经济和社会可持续发展探索新路径。

生态补偿机制的建立是对传统生态保护模式的一种革新和完善。传统的生态保护模式往往依赖于政府的投入和管理，而缺乏对农民参与的有效激励，导致一些地区生态环境的持续恶化。而借助 5G 技术建立生态补偿机制可以实现对农民行为的实时监测和数据分析，为他们提供直接的经济激励，从而促使他们积极参与生态建设。在农民进行农业生产时，相关部门可以通过 5G 技术监测土壤水质、作物生长情况等数据，根据数据分析结果发放相应的生态补偿，从而实现生态保护和农业生产的良性循环。

生态补偿机制的建立可以为生态保护和乡村经济发展提供有力支持。在传统的生态保护模式下，由于一部分农民对生态保护认知不足，导致一些地区生态保护工作的难度和阻力增加。而建立生态补偿机制可以有效地调动农民的积极性和参与度，使其将生态保护视为自己的责任和义务，从而促进生态环境的改善和保护。生态补偿机制也能为乡村经济发展提供新的动力和机遇。对农民实施生态补偿不仅可以提高农民的收入水平，还可以促进乡村产业结构的优化和升级，为乡村经济的可持续发展打下坚实基础。

生态补偿机制的建立还可以促进乡村社会的和谐稳定。在传统的生态保护模式下，由于认知不足，一部分农民对生态保护不太接受，从而影响到社会的稳定和谐。而建立生态补偿机制可以将生态保护与农民的经济利益相结合，使农民能够从生态保护中获益，从而促使他们支持并参与生态保护工作，这也有利于维护乡村社会的稳定和谐。

三、生态文化体验活动

生态文化教育推广是当前社会中一项具有重要意义的任务。生态文化体验活动可以利用虚拟现实技术为乡村居民提供一个更加直观、生动的方式，让他们亲身感受生态环境的美好与重要。这种新型的生态文化教育推广方式，不仅可以增强人们对生态环境的认识和保护意识，还可以激发人们对生态文化的兴趣和热爱，从而推动生态文化教育事业的发展和壮大。

生态文化体验活动可以为乡村居民提供一种全新的学习方式和体验方式。传统的生态文化教育往往以书面资料或讲座形式进行，形式单一，难以激发人们的学习兴趣和参与热情。而虚拟现实技术可以将乡村居民带入虚拟的生态环境，让他们亲身感受大自然的美丽和神奇，从而增强他们对生态环境的认知和理解。比如，通过虚拟现实技术，乡村居民可以在虚拟的森林中漫步，观赏各种植物和动物的生态习性，体验大自然的奇妙之处，这样一来，他们就能更加深刻地认识到生态环境对人类生存和发展的重要性，从而更加积极地参与生态文化教育活动。

生态文化体验活动能够促进乡村居民的情感交流和社会融合。开展生态文化体验活动可以让乡村居民相互交流和分享自己的生态文化体验，增强彼此之间的情感联系和认同感。生态文化体验活动还可以吸引更多的城市居民来到乡村，促进城乡交流与融合，推动生态文化在全社会范围内的传播和普及，形成全社会共同关注和保护生态环境的良好氛围。

生态文化体验活动还可以激发乡村居民对生态文化的热爱和创造力。乡村居民作为生态环境的直接受益者和管理者，他们对于生态文化的理解和体验尤为重要。生态文化体验活动可以让乡村居民深入了解生态文化的内涵和价值，激发他们对生态环境的热爱和保护意识，从而使其积极参与生态文化建设和保护工作。生态文化体验活动还可以为乡村居民提供一个发挥创造力的平台，比如可以组织乡村居民参与生态艺术创作，通过绘画、摄影等方式表达对生态环境的热爱和关注，从而丰富乡村居民的文化生活，推动生态文化事业的发展和繁荣。

第八章　5G 技术在乡村治理中的应用

第一节　5G 技术促进乡村信息化治理

一、数据采集与管理

（一）实时数据采集

随着科技的不断发展，实时数据采集已成为推动乡村发展的重要手段。利用 5G 技术，人们可以实现对乡村各类数据的实时采集，包括人口数据、经济数据、环境数据等。这种实时数据采集不仅可以为政府决策提供科学依据，还能够促进乡村经济社会的可持续发展，实现乡村振兴的目标。

实时数据采集有助于政府及时了解乡村人口结构和流动情况，为制定精准的政策提供支持。5G 技术提供的高速网络连接可以实现对乡村人口数据的实时监测和采集。政府部门可以通过人口普查、手机信号定位等方式获取人口数据，了解乡村的人口规模、年龄结构、职业分布等情况。通过实时监测人口流动情况，政府可以及时调整人口政策，优化资源配置，提高乡村人口的生活质量。政府还可以根据实时人口数据调整教育、医疗、就业等公共服务的布局，满足不同人群的需求，促进乡村经济社会的均衡发展。

实时数据采集可以帮助政府及时了解乡村的经济发展状况，为产业扶贫和经济发展提供支持。借助5G技术，人们可以实现对乡村经济数据的实时监测和采集，包括作物的产量、农产品价格、农产品销售额等。政府部门可以通过物联网传感器、互联网平台等手段收集和整理这些数据，了解乡村经济的运行情况，分析产业结构和发展趋势。通过实时监测经济数据，政府可以及时制定产业扶贫政策，引导农民发展特色产业，增加农民收入；可以及时调整产业结构，推动乡村经济转型升级。这种实时数据采集有助于提高政府的决策效率，促进乡村经济的健康发展。

实时数据采集还可以帮助政府及时了解乡村的环境状况，保护生态环境，促进乡村可持续发展。借助5G技术，人们可以实现对乡村环境数据的实时监测和采集，包括空气质量、水质状况、土壤污染等。政府部门可以通过环境监测站、遥感技术等手段收集和传输这些数据，了解乡村的环境质量和生态系统的健康状况。通过实时监测环境数据，政府可以及时采取环境保护措施，减少污染排放，改善生态环境，提升乡村居民的生活品质；可以根据实时水质数据调整农业灌溉和污水排放，减少对水资源的污染；可以根据实时空气质量数据采取减排措施，改善空气质量。这种实时数据采集有助于政府及时发现和解决环境问题，推动乡村生态文明建设，实现乡村可持续发展。

（二）大数据分析

大数据分析在当今社会发展中扮演着越来越重要的角色。借助5G网络传输的大量数据，利用大数据分析技术进行数据挖掘和分析，不仅可以为城市管理提供科学依据，也能为乡村治理带来新的机遇。在数字化时代，大数据分析可以为乡村治理提供更加科学、精准的决策支持，为乡村振兴注入新的活力。

大数据分析技术的应用可以为乡村治理提供全新的思路和方法。传统的乡村治理往往受人力资源有限、信息获取渠道狭窄等问题的限制，决策依据不足，难以科学、精准地开展工作。随着5G网络的普及和大数据技术的发展，乡村治理的数据获取和处理能力得以显著提升。通过收集、整合和分析各类数据，如农业生产数据、环境监测数据、人口流动数据等，政府部门可以全面了解乡村的发展状况和问题所在，做出科学决策。政府可以通过大数据分析技术，实现对农田土壤、水质、气候等环境数据的实时监测和分析，及时发现环境污染、自然灾害等问题，并采取相应的措施进行应对，保障乡村环境的安全和稳定。因此，大数据分析技术的应用可以为乡村治理提供更加科学、精准的决策支持，有助于推动乡村治理趋向现代化和智能化。

大数据分析技术可以为乡村发展提供重要的数据支撑和智能化服务。乡村发展面临着诸多挑战，如产业结构落后、人口外流等问题，需要政府采取有效措施进行引导和支持。而大数据分析技术的应用，则可以为政府提供更加全面、深入的数据支持，为乡村发展提供更多的发展思路和路径。通过对乡村经济、社会、环境等方面的数据进行挖掘和分析，政府可以发现乡村发展的潜力和瓶颈所在，制定更加科学、精准的发展规划和政策措施。政府可以通过大数据分析技术，了解乡村的产业结构、人口流动情况等，制定相应的产业扶持政策和人才引进政策，促进乡村产业的结构调整和人才流动，推动乡村经济的转型升级。政府还可以通过大数据分析技术，实现对乡村旅游资源、文化传统等的挖掘和保护，打造乡村特色品牌，吸引更多的游客前来参观和消费，推动乡村旅游业的发展。因此，大数据分析技术可以为乡村发展提供重要的数据支撑和智能化服务，为乡村振兴注入了新的活力和动力。

大数据分析技术的应用也会为乡村治理和发展带来一些新的挑战和问题。其中，数据隐私和安全问题备受关注。大数据分析技术需要收集和处理大量的个人信息和敏感信息，一旦信息泄露或被滥用，将对个人和社会造成严重的损害。因此，政府部门在开展大数据分析工作时，需要严格遵守相关的法律法规，落实数据安全保护和隐私保护措施，确保数据的安全和合法使用。数据质量和可信度问题也是大数据分析技术面临的重要挑战。由于数据的来源多样化、数据量庞大，数据质量和可信度往往难以保证，可能导致分析结果的失真和偏差，影响决策的科学性和准确性。因此，政府部门需要加强对数据采集和处理的质量控制，确保数据的准确性和可信度，提高大数据分析的精确度和有效性。

二、民情监测平台

利用 5G 网络实时监测民情动态，开展民意调查和民情反馈，是一种新型的信息共享与互动方式，具有重要的社会意义和实践价值。这种方式可以实现政府与民众之间的有效沟通与互动，促进社会稳定和民生改善，实现良好的治理效果。

民情监测平台可以帮助政府及时了解民意和社情。在社会发展的进程中，人民群众的意见和诉求是政府制定政策和推行措施的重要参考依据。借助 5G 网络的高速率和低时延等特点，政府可以实时监测社会民情动态，了解人民群众的需求。通过开展民意调查和民情反馈，政府可以收集到更加全面、准确的民意信息，从而做出科学决策。政府可以通过民情监测了解到某个地区的民众对于基础设施建设、环境保护、社会福利等方面的需求和反馈意见，从而有针对性地制定相应的政策和项目，更好地满足人民群众的实际需要。

民情监测平台可以促进政府与民众之间的有效沟通与互动。在传统的治理模式中，政府与民众之间的沟通往往是单向的，政府发布政策和信息，而民众接受并执行。借助 5G 网络的高速率和低时延等特点，政府可以通过各种方式实时向民众发布信息和政策，包括文字、图片、视频等多种形式，让民众及时了解政府的工作进展和政策措施。政府还可以利用民情监测平台，开展在线问卷调查、互动讨论等活动，收集民众的意见和建议，让民众参与到政府决策的过程中来，增强政府与民众之间的互信与合作。这种方式可以建立起政府与民众之间的良好互动机制，促进社会治理的民主化、法治化和智能化。

民情监测平台还可以帮助政府及时发现和解决问题，提高治理效率和水平。借助 5G 网络的高速率和低时延等特点，政府可以实时监测社会民情动态，快速了解社会热点事件和问题。通过开展民意调查和民情反馈，政府可以及时收集民众的意见和反馈信息，发现社会问题和矛盾的根源，及时采取相应的措施加以解决，防止事态进一步扩大和恶化。政府可以通过民情监测了解到某个地区存在的环境污染问题，及时采取环境治理措施，或者通过民情监测了解到某个群体存在的社会福利问题，及时调整政策措施，保障民生福祉。这种方式可以提高政府的治理效率和水平，促进社会的和谐稳定和持续发展。

三、数字化乡村管理

结合 5G 技术推动乡村管理信息化和数字化，不仅可以为乡村管理提供新的思路和方法，也能为乡村发展注入新的活力和动力。在当前数字化快速发展的背景下，实现农村土地利用、农产品流通等方面的智能化管理，是促进乡村现代化建设的重要举措。

数字化乡村管理可以为乡村管理提供更加科学、精准的决策支持。传统的乡村管理往往面临信息获取渠道狭窄、数据来源不足等问题，决策依据不够科学、准确。结合 5G 技术推动乡村管理信息化和数字化，可以实现对乡村各方面数据的实时监测、采集和分析，为乡村管理部门提供全面、准确的数据支持。在农村土地利用方面，相关部门可以通过卫星遥感技术、无人机等手段实时监测农田的利用情况，了解土地种植情况、土壤肥力等信息，为土地规划和管理提供科学依据。在农产品流通方面，相关部门可以利用物联网技术实现对农产品生产、加工、流通等环节的全程监控和管理，确保农产品的质量和安全。因此，数字化乡村管理可以为乡村管理提供更加科学、精准的决策支持，有助于提高乡村管理的效率和水平。

数字化乡村管理能够促进乡村治理体系的现代化建设。乡村治理体系是保障乡村社会稳定和促进乡村发展的重要保障，而数字化乡村管理则可以为乡村治理体系的现代化提供新的思路和手段。5G 技术能够推动乡村管理信息化和数字化，实现乡村各级政府部门之间的信息共享和协同工作，提高乡村治理的协同性和效率。在乡村基层治理方面，政府可以建立乡村综合信息管理平台，实现对农户、土地、农产品等信息的统一管理和共享，提高基层政府部门的工作效率和服务水平。数字化乡村管理还可以实现对乡村社会组织和社区自治组织的信息化管理，加强对乡村社会组织的监督和管理，推动乡村社会治理的现代化建设。因此，数字化乡村管理可以为乡村治理体系的现代化建设提供新的路径和思路，有助于促进乡村治理体系的不断完善和提升。

数字化乡村管理有助于推动乡村经济的转型升级。乡村经济是乡村振兴的重要支撑，而数字化乡村管理则可以为乡村经济的转型升级提供新的动力和机遇。5G 技术可以实现对乡村产业结构的优化调整和精准扶持，推动乡村产业的转型升级。在乡村产业发展方面，政府可以利用大数据分析技术分析农产品市场需求和供应情况，制定相应的产业发展规划和政策措施，引导农民向产业链和价值链的中高端迈进，提高农产品附加值和市场竞争力。

四、乡村公共服务平台建设

（一）数据中心建设

数据中心建设作为支撑乡村公共服务平台的核心设施尤为重要。数据中心不仅需要具备强大的数据支撑能力，还需要考虑乡村地区的特殊情况，以确保平台运行的稳定性和数据的安全性。因此，数据中心的建设涉及多方面的考量和规划，需要充分考虑当地的实际情况和需求，以实现最佳效果。

数据中心的建设需要进行详细的规划和设计，这包括确定数据中心的规模和功能布局、选择适当的建设地点，以及设计合理的设备配置和网络架构。规划阶段需要考虑到乡村地区的特殊性，如电力供应不稳定、网络带宽有限等问题，需要采取相应的解决和应对措施，以确保数据中心的正常运行。

数据中心的建设需要注重设备选型和技术实施。选择高效节能的设备，如低功耗服务器、绿色数据存储设备等，可以降低能耗成本，提升数据中心的运行效率。采用先进的技术手段，如虚拟化技术、容灾备份技术等，可以提高数据中心运行的可靠性和安全性，确保数据的稳定存储和高效处理。

数据中心的建设还需要注重安全防护和灾备规划。建设防火墙、入侵检测系统等安全设施，可以有效防范网络攻击和数据泄露，保障数据中心的安全。制定完善的灾备预案和应急预案，如定期备份数据、建立灾难恢复机制等，可以在突发情况下保障数据的及时恢复和业务的连续性。

数据中心的建设还需要考虑后续的运维和管理工作。建立健全的数据中心管理体系，包括设备监控、性能管理、故障排除等方面，可以有效提升数据中心的运行效率和服务质量。培训专业的运维人员，建立定期维护和更新机制，可以保障数据中心设备的长期稳定运行，延长设备的使用寿命。

数据中心的建设还需要注重与当地政府和社区的沟通与合作。积极争取政府支持和资金扶持，可以推动数据中心建设的顺利进行。与当地社区建立良好的合作关系，可以提供就业机会，促进当地经济发展，实现数据中心建设与当地社区的共赢。

（二）综合服务功能

乡村公共服务平台可以将各类公共服务功能集成到一个平台上，为乡村居民提供一站式服务，满足他们生活和工作的多方面需求。这种综合服务的理念不仅提升了服务的便捷性和效率，还促进了乡村社会的发展，具有重要的现实意义和深远影响。

政务服务是乡村公共服务平台的重要组成部分。通过整合政府部门的各类服务功能，乡村居民可以在平台上办理各类证件、申请各类资助和补贴等，无须再跑多个部门，节省时间和精力。政务服务的数字化和智能化也能够提升服务的质量和效率，使政府与民众之间的沟通更加顺畅和便捷。

医疗服务也是乡村公共服务平台不可或缺的一部分。通过整合乡村医疗资源，包括远程医疗、健康档案管理、在线问诊等功能，乡村居民可以更加方便地获取医疗服务，解决医疗资源分布不均、就医难的问题。特别是在偏远地区，乡村公共服务平台的医疗服务功能可以为乡村居民提供及时、有效的医疗服务，提升乡村居民的健康水平和生活质量。

教育服务也是乡村公共服务平台的重点之一。通过整合优质教育资源和在线教育平台，乡村居民可以接触到更广泛的教育内容和学习资源，包括在线课程、教育培训、教育资讯等。这不仅可以为乡村孩子提供更好的学习机会和资源，也能为成人学习和终身教育提供便利条件，从而促进乡村教育的发展和提升。

除了政务、医疗和教育服务，乡村公共服务平台还应当整合其他各类服务功能，如就业服务、文化娱乐服务、环境保护服务等，为乡村居民提供全方位、多元化的服务支持。乡村公共服务平台能够通过平台上的就业信息发布、职业培训等功能，帮助乡村居民解决就业问题；通过文化娱乐资源的整合和推广，丰富乡村居民的精神文化生活；通过环境保护服务的宣传和指导，引导乡村居民积极参与环境保护活动，共同建设美丽乡村。

综合服务功能的实现还需要依托先进的科技手段和数字化平台。利用人工智能技术，乡村公共服务平台可以实现对乡村居民需求的智能识别和推荐，为乡村居民提供个性化的服务；利用大数据分析，乡村公共服务平台可以实现对服务需求和资源配置的精准匹配，提升服务的效率和质量；利用区块链技术，乡村公共服务平台可以确保服务数据的安全性和可追溯性，保障用户权益和信息安全。

乡村公共服务平台的建设还需要政府、企业、社会组织等多方合作。政府应当加大对平台建设的投入和支持，提供政策和资源保障；企业应当积极参与平台建设，提供技术和服务支持；社会组织应当发挥组织力量和资源优势，推动平台建设和推广应用。只有形成政府主导、企业参与、社会共建的合力，才能实现乡村公共服务平台的综合服务功能，为乡村发展和居民生活提供更好的支持和保障。

综合服务功能的实现不仅是乡村治理和发展的需要，也是社会进步和公平正义的需要。整合各类公共服务功能，提供一站式服务，可以打破信息壁垒、减少服务障碍，促进资源优化配置和公共资源共享，实现城乡一体化发展和社会公平正义的目标。因此，政府应当加强政策引导和技术支持，推动综合服务功能在乡村公共服务平台上的落地实施，为乡村振兴和人民幸福生活注入新动力。

（三）定制化服务

为了适应乡村的特点和需求，乡村公共服务平台应该提供具有特色的定制化服务模块。这些服务模块包括针对农业的信息化服务、乡村旅游的推广服务等，以满足不同层次、不同群体的需求。这种定制化服务的理念旨在更好地促进乡村发展，提高居民的生活品质和社区的整体发展水平。

针对农业信息化服务，乡村公共服务平台可以提供一系列的农业管理工具和技术支持，包括但不限于农业数据采集与分析、智能农机设备的应用、农产品供应链管理等。通过这些服务，农民可以更加科学地管理农田和农作物，提高农业生产效率，优化农产品的品质和产量，从而增加农民的收入。

乡村旅游推广服务也是定制化服务的重要组成部分。乡村公共服务平台可以根据不同乡村的特色和资源，提供个性化的旅游推广方案和营销策略，包括但不限于乡村旅游线路规划、景点开发与推广、农家乐和民宿的经营支持等。这些服务可以吸引更多游客前来乡村旅游，推动当地旅游产业的发展，促进乡村经济的繁荣。

实现定制化服务并不是一件简单的事情，需要平台在多个方面进行充分的考量和准备。第一，是乡村的地方特色和文化传统。乡村公共服务平台需要深入了解当地的情况和需求，制定符合实际情况的定制化服务方案。第二，是技术支持和人才培养。乡村公共服务平台需要投入足够的资源和精力，培养具有农业和旅游专业知识的人才，提供专业的技术支持和服务保障。

定制化服务的推广和普及也需要乡村居民的积极参与和支持。乡村公共服务平台可以通过开展培训和宣传活动，提高乡村居民对定制化服务的认知和接受度，鼓励他们积极参与农业信息化和乡村旅游推广，共同推动乡村高质量发展。

五、乡村智慧政务建设

（一）在线政务平台

传统的政务服务平台往往面临着网络带宽不足、响应速度慢等问题，影响了公民和企业的办事效率。而借助 5G 技术的高速率特点，在线政务平台可以实现更快速的数据传输和处理，实时响应用户的请求，极大地缩短了办事时间。无论是查询办事指南、提交申请材料，还是在线咨询问题，公民和企业都能够在短时间内得到满意的答复和解决方案，提高政务服务的效率和便捷性。

5G 技术可以为在线政务平台提供更广泛的服务覆盖范围。传统的政务服务平台通常面向城市居民，覆盖范围有限，对于乡村地区的公民和企业提供的服务较少。而借助 5G 技术的高速网络覆盖，在线政务平台可以实现对全国范围内公民和企业的服务覆盖，无论是城市还是乡村，都能够享受到相同水平的政务服务。政府可以通过在线政务平台向乡村地区推送办事指南，提供在线咨询服务，帮助乡村公民和企业解决生产生活中的实际问题，实现政务服务的普惠性和公平性。

除了传统的政务办事指南和在线咨询服务外，政府还可以借助 5G 技术实现更多样化的服务功能，如在线预约服务、电子证照办理、智能识别认证等。通过在线预约服务，公民和企业可以提前预约办事时间，避免排队等待；通过电子证照办理，公民和企业可以在线申请、领取各类证照，免去烦琐的线下办理流程；通过智能识别认证，政府可以利用人脸识别、指纹识别等技术实现对公民和企业身份的安全认证，保障政务服务的安全性和可信度。这些多样化的服务功能可以为公民和企业提供更便捷、高效的政务服务体验，有助于提升政府服务的水平和品质。

政务服务涉及大量的个人和企业敏感信息，信息安全问题一直是政府面临的重要挑战。借助 5G 技术的高级加密技术和网络安全防护机制，在线政务平台可以实现对用户数据的安全存储和传输，保障用户隐私和数据安全。政府可以通过建立健全的数据安全管理制度和安全审计机制，加强对在线政务平台的监督和管理，确保政务服务的安全可靠。这样，公民和企业就能够放心使用在线政务平台，享受到安全、便捷的政务服务。

（二）移动政务应用

移动政务应用的发展与 5G 网络的结合，可以为乡村居民提供极大的便利和效率。借助 5G 网络的高速率和低时延等特点，人们可以利用移动政务应用随时随地办理政务，享受便捷、高效的政务服务。

移动政务应用的普及能够促进政府服务的数字化转型。传统的政务办理往往需要居民亲自前往政府机构办理，耗费时间和精力。随着移动政务应用的发展，居民可以通过手机应用随时随地办理政务，无须排队等候。借助 5G 网络，移动政务应用的响应速度更加迅速，办理流程更加顺畅，政务办理更加便捷、高效。居民可以通过移动政务应用申请户口迁移、办理身份证、缴纳水电费等服务，节省往返政府机构的时间和精力。移动政务应用有助于实现政务办理的零距离，为居民提供更加便利的服务。

移动政务应用能够扩展政府服务的覆盖范围。传统的政务办理通常依赖于政府机构或传统的办公渠道，受地理位置和时间限制。随着移动政务应用的普及，居民可以随时随地通过手机应用进行政务办理，实现政府服务全覆盖和全时段。借助 5G 网络，移动政务应用的传输速度更快，覆盖范围更广，使得政务服务不再受限于时间和空间。在乡村地区，居民可以通过移动政务应用查询农村土地政策、申请农业补贴、办理农村低保等服务，不仅可以节省居民的办理时间，还能提升政府服务的质量和效率。

移动政务应用能够提升政府服务的智能化水平。随着人工智能和大数据技术的发展，移动政务应用可以通过智能算法对居民的需求进行分析和预测，提供个性化的政务服务。借助 5G 网络，移动政务应用可以实现更快速、更精准的数据传输和处理，为政府部门提供更加智能化的决策支持和服务优化。移动政务应用可以通过智能推荐系统向居民推送个性化的政策信息和服务建议，为居民提供更加精准、贴心的服务体验，提升政府服务的智能化水平。

移动政务应用还能够提升政府与居民之间的互动和沟通。通过移动政务应用，政府部门可以实时了解居民的需求，及时回应和解决问题，增强政府工作的透明度和责任感。借助 5G 网络，移动政务应用的互动性更强，居民可以通过应用进行在线咨询、投诉建议等互动交流，实现政府与居民之间的即时沟通和互动，促进政府与居民保持良好关系。

第二节　5G 技术与乡村治安管理

一、智能监控

（一）高清监控摄像头

高清监控摄像头的部署可以为乡村社区的安全管理和监控带来全新的可能性

和机遇。在乡村重要区域，如交通要道、人员密集区等地部署高清晰度的监控摄像头，可以提升社区安全管理水平。结合 5G 技术的高清监控摄像头，能够为乡村社区的安全防范和事件应对提供有力支持。

高清监控摄像头的部署可以为乡村社区的安全管理提供强大的技术支持。借助 5G 技术的高速率和低时延等特点，监控摄像头可以实现高清晰度的视频传输和实时监控，即使在远距离和复杂环境下，也能够保持稳定的信号和清晰的画面。这意味着监控人员可以随时随地通过监控系统，对乡村社区的各个重要区域进行实时监控和观察，及时发现和应对安全隐患和突发事件，保障居民的生命财产安全。特别是在交通要道和人员密集区等重要区域，高清监控摄像头的部署可以有效监测交通状况和人员流动情况，预防交通事故和群体性事件的发生，提高社区的整体安全水平。

在乡村社区，犯罪和治安问题虽然相对城市地区较少，但也存在一定的风险和隐患。在关键区域部署高清监控摄像头，可以形成全天候、无死角的监控覆盖，有效防范和打击各类违法犯罪行为。一旦发生案件或突发事件，监控摄像头可以提供关键的视频证据，协助执法部门快速调查案件、追踪犯罪嫌疑人，提高犯罪侦查和打击的效率和精准度。这种方式可以有效维护乡村社区的治安稳定，提升居民的安全感和幸福感。

在自然灾害和突发事件发生时，监控摄像头可以实时监测受灾情况和人员安全，为救援行动提供关键的信息和指导。监控摄像头还可以监测自然灾害风险区域，及时预警和发布预警信息，提醒居民注意安全，减少灾害损失。这种方式可以提高社区应对突发事件和自然灾害的能力和效率，最大限度地保障居民的生命财产安全。

（二）智能监控系统

智能监控系统在当今社会中发挥着越来越重要的作用。借助 5G 网络高速率和低时延等特点，智能监控系统能够对监控画面进行实时分析，实现对异常行为的检测和预警，从而提前发现潜在的安全隐患。智能监控系统的应用不仅可以提高监控系统的效率和准确性，也能为乡村安全管理工作提供强大支持。

智能监控系统通过实时分析监控画面，能够快速准确地识别异常行为。传统的监控系统往往依靠人工察看，容易出现遗漏和误判的情况。而借助 5G 网络，智能监控系统可以实时采集监控画面，并通过智能监控算法进行实时分析和识别。智能监控系统能够识别出监控画面中的异常行为，如盗窃、打架、火灾等，从而及时发出警报并通知相关部门。在交通监控领域，智能监控系统可以通过识别交通违法行为，如闯红灯、违规超车等，提高交通管理的效率和准确性。通过实时分析监控画面，智能监控系统能够有效提高监控系统的实用性和可靠性，为安全管理工作提供强有力的支持。

智能监控系统能够实现对异常行为的预警，提前发现潜在的安全隐患。在监控系统中，往往存在大量的监控数据，如何从中快速准确地发现异常行为成为一项挑战。智能监控系统通过对监控数据的实时分析和处理，能够识别出异常行为，并及时发出预警通知。在安防领域，智能监控系统可以通过识别人员行为的异常，如进入禁止区域、长时间逗留等，发出预警信号，保障现场安全。通过实现对异常行为的预警，智能监控系统能够有效降低安全风险，提高安全管理的效率和水平。

智能监控系统还能够实现对监控画面的智能分析和识别，为后续的数据分析和处理提供支持。监控系统中产生的大量监控数据往往需要进行后续的数据分析和处理，以提取有用信息并做出合理判断。智能监控系统能够对监控画面进行智能分析和识别，从而为后续的数据处理提供支持。在安防监控领域，智能监控系统可以通过对监控画面中的人员、车辆等目标的识别和跟踪，为后续的行为分析和态势感知提供数据支持。通过实现对监控画面的智能分析和识别，智能监控系统能够提高监控系统的智能化水平，为安全管理提供更加精准的数据支持。

（三）视频图像识别

视频图像识别技术可以实现对警情现场的快速识别和分析。传统的警务工作往往依赖于警务人员的观察和判断，容易受到主观因素的影响，而且耗时耗力。结合 5G 技术的高速率和低时延等特点，视频图像识别技术可以实现对警情现场的实时监控和分析。视频图像识别技术可以识别出异常行为、危险物品等，实时向警务人员发送警报，提高警务人员对潜在风险的感知和应对能力。通过快速识别和分析警情现场，警务人员可以及时采取相应的措施，防止事态进一步恶化，保护社会公共安全。

视频图像识别技术可以为警务人员提供更准确的情况认知。在处理复杂警情时，警务人员往往需要准确的情况判断和决策支持。视频图像识别技术可以实现对警情现场的多维度、全方位的监测和分析，为警务人员提供更加客观、准确的情况认知。在治安管控中，视频图像识别技术可以识别出可疑人员、车辆等，并根据其行为特征进行分析和评估，为警务人员提供准确的情况判断和行动建议，使警务人员可以更有效地应对各种复杂情况，提高警务工作的效率和质量。

视频图像识别技术可以加快警情处置速度。在处理突发警情时，时间往往是至关重要的。传统的警情处置往往受限于信息传输和处理速度，导致处置时间过长，影响了应急处置效果。而视频图像识别技术可以实现对警情现场的实时监控和分析，快速识别出关键信息，并及时传输给警务人员，从而加快处置速度。在交通事故处理中，视频图像识别技术可以实时识别事故发生地点、车辆类型等关键信息，并自动生成事故报告，为警务人员提供及时的处置指导。通过加快警情处置速度，警务人员可以更快速地处置各类突发情况，减少损失和危害，提高乡村治安水平。

二、移动终端应用

警务人员配备智能移动终端可以实现警情的实时接收。借助 5G 网络的高速连接，警务指挥中心可以将各类警情信息实时传输到警务人员的智能移动终端上。这些警情信息包括突发事件、治安事故、交通事故等各种警情，警务人员可以在第一时间收到相关信息，做出及时的反应。相比传统的通信手段，智能移动终端的实时接收功能可以缩短警务人员获取信息的时间，使他们能够更加迅速地响应各类紧急情况，保障居民的人身和财产安全。

智能移动终端可以实现警情的实时处理。配备了智能移动终端的警务人员可以在现场及时采集、记录相关警情信息，并通过终端上的应用程序进行分析和处理。警务人员可以通过移动终端拍摄现场照片、视频，记录案发现场的情况；可以通过终端上的应用程序查询相关人员信息、车辆信息等，快速了解案情。智能移动终端还可以实现警情信息的实时传输和共享，使不同警务人员之间能够实时沟通、协作，提高警情处置的效率和准确性。这种实时处理功能使警务人员能够在第一时间对警情进行初步处置，防止事态进一步扩大，维护乡村治安。

智能移动终端还可以实现对警情的实时反馈。警务人员在处理完警情后，可以通过移动终端向指挥中心反馈处理结果，并及时更新相关信息。这种实时反馈机制可以使指挥中心及时了解警情处置进展，做出相应的决策和调度。智能移动终端还可以实现警情信息的实时上报和记录，为后续的警情分析和研判提供数据支撑。通过这种实时反馈功能，警务人员之间的协作得以进一步加强，警情处置的效率和质量也能得到提升，进而有效维护社会的安全和稳定。

三、乡村社区警务平台建设

乡村社区警务平台的建设使警务信息得以实时共享，从而提升警务工作的协同效率。传统的警务工作往往受限于信息不对称、沟通效率低等问题，各个警务部门之间信息无法及时共享，导致工作效率低下、资源浪费等情况。而通过建立乡村社区警务平台，各个警务部门可以实现信息的实时共享和互通，警员可以通过平台查阅相关案件信息、人员信息等，实时掌握乡村社区治安状况，快速响应突发事件，提高警务工作的协同配合效率。

乡村社区警务平台的建设有助于实现巡逻路线的智能规划，提高巡逻效率和反应速度。传统的巡逻路线通常由警员根据经验和常识制定，存在巡逻路线不科学、盲目性较强等问题。而乡村社区警务平台可以利用大数据和人工智能技术，对乡村社区进行智能分析和研判，制定最优化的巡逻路线，提高警员巡逻的效率和覆盖范围。乡村社区警务平台还可以根据实时的警情变化，动态调整巡逻路线，确保警力的合理分配和利用，提高乡村社区治安管理的水平。

乡村社区警务平台的建设有助于加强社区警务与居民之间的互动和沟通，维护乡村社区的治安，增强乡村居民的安全感。传统的警务工作往往是单向的、封闭的，警务部门与乡村居民之间的沟通渠道有限，乡村居民对于警务工作了解不够，安全感较低。而通过建立乡村社区警务平台，警务部门可以通过平台向乡村居民发布安全提示、预防知识等信息，加强警务宣传和教育工作。乡村居民也可以通过平台向警务部门报告问题、提出建议，参与社区治安管理。这种双向的互动和沟通机制可以增强警务部门与乡村居民之间的信任和合作关系，促进乡村社区的和谐稳定。

乡村社区警务平台的建设还能够为乡村社区警务工作提供更多的技术支持和创新手段。5G 技术的高速率和低时延等特点能够为乡村社区警务平台的功能拓展提供更广阔的空间。警务部门可以通过平台开展视频监控、人脸识别、智能预警等工作，提高乡村社区治安监管的精准度和效率。乡村社区警务平台还可以结合物联网技术实现对乡村社区环境的实时监测，如气象数据、交通流量等，为警务决策提供科学依据。这些技术支持和创新手段可以为乡村社区警务工作注入新的活力和动力，提高乡村社区治安管理的现代化水平。

参考文献

[1]陈森森，黄文聪."5G+专递课堂"赋能乡村教育振兴[N].泉州晚报，2024-03-29（014）.

[2]杨振宇.江西广电5G+乡村振兴大余示范工程分析[J].广播电视网络，2024，31（01）：107-109.

[3]曲径.数智赋能融入乡村产业振兴发展的路径探讨[J].内蒙古财经大学学报，2024，22（01）：78-81.

[4]李泰，余衍.新时期加快推动数字乡村高质量发展[J].宏观经济管理，2024，（01）：45-54.

[5]林婉玲."数字+"再创三农新篇章 带动数字乡村振兴发展[N].通信信息报，2023-12-27（004）.

[6]程苗.海南行政村实现5G网络100%通达[N].人民邮电，2023-12-26（005）.

[7]薛心怡，周杰."边缘计算+"赋能数字乡村建设的现状、场景与趋势研究[J].南方农机，2023，54（24）：101-103+112.

[8]赵文姝，蒋东君，伍金明."5G+虚拟电厂"助力农村低碳发展的探讨[J].通信与信息技术，2023，（S2）：26-29.

[9]林碧涓.一根网线、一块大屏串出魅力乡村幸福路[N].通信信息报，2023-12-20（002）.

[10]马瑞.中国联通，发挥行业优势赋能乡村振兴[J].企业文明，2023，（12）：8-10.

[11]张瑞英.强化数字基建助力乡村振兴[J].江苏通信，2023，39（06）：5.

[12]周春柏.用"数智钥匙"旋开乡村"振兴门" 江苏电信以数字技术赋能乡

村振兴[J].通信企业管理，2023，（12）：13-17.

[13]尹晴.江油移动公司服务质量提升策略研究[D].绵阳：西南科技大学，2023.

[14]邓毅.反思乡建，5G时代下乡村的另一种参与[J].区域文化艺术研究，2023，（01）：186-193.

[15]简川.中国电信 CD 分公司农村市场营销策略改进研究[D].成都：四川师范大学，2023.

[16]曹硕.河南数字农业助力乡村振兴对策探究[J].广东蚕业，2023，57（11）：121-123.

[17]王席传.铺就信息"高速路"跑出幸福"加速度" 江西移动执"数智之笔"擘画乡村振兴"新图景"[J].通信企业管理，2023，（11）：32-34.

[18]王凯主持召开省政府常务会议 研究乡村振兴、安全生产、5G 规模化应用等工作[J].河南省人民政府公报，2023，（21）：2.

[19]魏强，朱海琦.农村 2.6G NR 网络建设关键解决方案研究[J].中国新通信，2023，25（20）：29-31.

[20]韩黎丽.5G+AIoT 赋能数字乡村发展[J].中国电信业，2023，（10）：68-71.

[21]张桂宾，张琦.5G 技术在智慧农业中的应用研究[J].现代农机，2024，（02）：14-16.

[22]王依鹏.基于 5G 通信技术的乡村旅游智慧化发展研究[J].现代经济信息，2019，（19）：355.

[23]黄美忠.智慧旅游环境下的乡村旅游经济发展新模式[J].农业经济，2017，（10）：41-43.

[24]刘艳.5G 时代下乡村生态旅游智慧化发展探讨[J].风景名胜，2020（12）：375.